"十四五"普通高等教育本科部委级规划教材

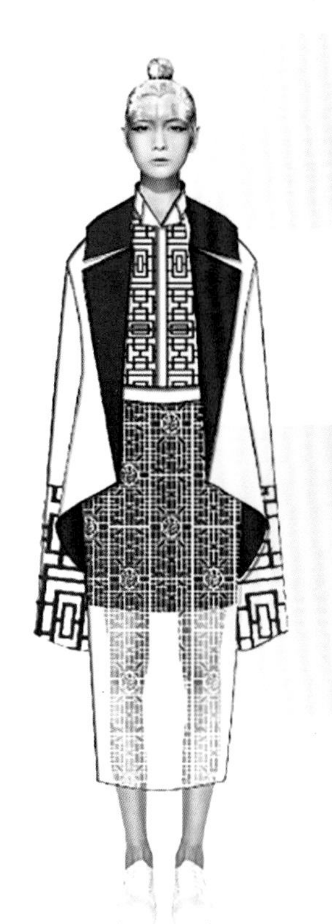

服装创新设计与实践 1

肖劲蓉　严琴 ◎ 编著

CLOTHING
DESIGN

中国纺织出版社有限公司

内 容 提 要

本书共分五章，从服装设计基础、服装的廓型、服装的部件、服装设计思维与实践，到装饰设计，包括设计元素、设计风格、设计流程、廓型的变化规律、设计思维的程序与表达等知识点，内容丰富、全面。全书采用图文并茂的形式分析案例，结合设计师访谈，反映实践案例的设计理念、设计方法与过程等，剖析详尽、细致。

本书既有理论知识，又有实践指导，既可作为高等服装院校的服装专业教材，也可作为服装企业技术人员和服装设计爱好者自学的参考书。

图书在版编目（CIP）数据

服装创新设计与实践．1 / 肖劲蓉，严琴编著．-- 北京：中国纺织出版社有限公司，2021.11

"十四五"普通高等教育本科部委级规划教材

ISBN 978-7-5180-9152-2

Ⅰ．①服… Ⅱ．①肖… ②严… Ⅲ．①服装设计—高等学校—教材 Ⅳ．① TS941.2

中国版本图书馆 CIP 数据核字（2021）第 230577 号

Fuzhuang Chuangxin Sheji Yu Shijian 1

责任编辑：李春奕　　责任校对：寇晨晨
责任印制：王艳丽

中国纺织出版社有限公司出版发行
地址：北京市朝阳区百子湾东里 A407 号楼　邮政编码：100124
销售电话：010—67004422　传真：010—87155801
http://www.c-textilep.com
中国纺织出版社天猫旗舰店
官方微博 http://weibo.com/2119887771
北京华联印刷有限公司印刷　各地新华书店经销
2021 年 11 月第 1 版第 1 次印刷
开本：889 × 1194　1/16　印张：11
字数：301 千字　定价：69.80 元

序

PREFACE

2021年是“十四五”的开局之年。在全国普通本科院校升级与转型工作的大背景下，课程组以课程教学为研究核心，强调人文精神的时代性，在服装教育教学模式上做了大量的研究与探索。根据我国服装设计专业人才培养的需要，结合服装设计教育教学改革要求和多年的教学经验，课程组以理论为基础、实践为根本、创新为目标，开展案例和项目化教学，围绕拟定选题、创新体例和审定内容，编写了本套系列教材。

本系列教材一共三册，将新时代的人文精神、创新思维、知识技能等全面渗透到课程理论体系的每一个知识点中，既体现中国文化，又具有时代特色，同时力求在服装设计专业课程教学过程中实现立德树人的路径探索。其分册分别为：《服装创新设计与实践1》《服装创新设计与实践2》《服装创新设计与实践3》。三册教材内容根据服装设计系列课程的教学计划而制定，每一册教材都兼具知识性与实践性，并且加强了课程的思政元素，突出了对学生的价值观、艺术观和设计观的引领。

本教材为系列教材的第一册，教材内容共分五章，每章前都附有教学内容、单元学时、实训目的、实训内容以及思政元素，分别详细阐述了设计元素、设计风格、设计流程、廓型的变化规律、部件设计方法、设计思维的程序与表达、装饰设计等内容，对服装设计与实践进行了全面、系统的阐述，内容充实、实用性强且图文并茂。同时，我们约请了国内优秀的设计师以及往届毕业生，通过访谈的形式，体现作品的设计思维、创新点以及实施过程。教材在编写中得到了服装设计专业师生的大力支持，特别感谢龚有月老师与叶永敏老师为教材提供的优秀教学案例，以及刘淑贤、劳颖琳、李淑贤、吴凯纯、李建潮、陈功娴等同学在教材编写过程中给予的帮助。

在此，谨将本系列教材献给广大本专科院校服装专业的莘莘学子、服装设计爱好者及从业人员，希望能有一定的指导和参考作用。

由于教材首次编写，内容信息量多且面广，书中难免有不足与疏漏之处，敬请各位读者和同行朋友不吝指正，不胜感激！

肖劲蓉

2021年9月

目录

CONTENTS

04 第四章 服装设计思维与实践

05 第五章 服装的装饰设计

01

第一章

服装设计基础

教学内容：概述；服装设计风格；服装设计流程。

单元学时：8学时（理论4学时/实训4学时）。

实训目的：了解服装设计的基本概念；掌握服装、服装设计风格的分类；理解服装设计流程，并在后期的设计实践过程中，构建属于自己的服装设计流程。

实训内容：1．服装设计风格的分析；

2．理解服装设计流程，建立设计灵感渠道。

思政元素：创新创业教育；文化自信教育。

第一节　概述

一、基本概念

在服装设计专业领域，有许多易于混淆的术语或概念。对于服装设计初学者来说，认识并理解服装专业术语，既有助于提高专业素养，又是开展服装设计工作的必要前提。

图1-1　迪奥2010年秋冬高级定制系列

（一）服装、服饰与时装

从狭义的角度来说，服装特指用织物、皮革等服用材料制作而成的、可穿戴的日常生活用品，是人们对所穿衣服类型的统称；从广义上来说，指着装者身上所有用来保护和装饰自己的物品，包括鞋、帽、袜、眼镜、香水，甚至装饰在身上的鲜花、报纸、纸皮袋、金属、塑料等。例如，在法国品牌克里斯汀·迪奥（Christian Dior）2010年秋冬高级定制秀场上，著名的英国帽子设计师——斯蒂芬·琼斯（Stephen Jones）为其品牌系列设计定制了一种犹如花店塑料包装的头饰（图1-1），赋予了郁金香、水仙花等廓型的服装勃勃生机与活力。

服饰，广义上是对装饰人体物品的总称，包括服装、饰品和配件，服饰强调的是一种穿着效果和状态；从狭义的角度来说，服饰指衣服上的装饰部分，即装饰物。在法国奢侈品品牌路易威登（Louis Vuitton）2020年春夏高级成衣的秀场上，模特们穿着高腰阔腿裤、尖领衬衫、马甲背心等复古摩登单品，搭配复古磁带造型的新款手袋、尺寸升级的蛋壳包、精致的花卉胸针等，呈现出轻快明丽、优雅复古的女性服饰形象（图1-2）。

时装，顾名思义，指时髦的服装。人们通常会将时

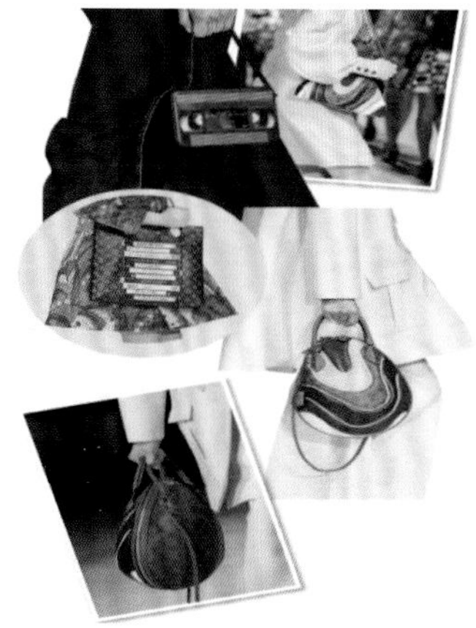

图1-2 路易威登2020年春夏高级成衣系列

装与服装看成同一事物，事实上，它们有着本质的差别。时装是指在一定时间、空间内，被大部分人所接受的新颖、流行服装，是相对于变化较少的常规性服装而言的概念，具有强烈的时效性及明显的地域性特征。有人认为时装是人们梦寐以求的、创新的、丰富的、艺术的，服装则是缺乏个性的、平庸的、"产品化"的、乏味的。英国纽卡斯尔大学服装学院院长布罗米教授曾对服装与时装这两个概念进行了形象比喻，她认为服装就像杯中的牛奶，而时装则是漂浮在牛奶表层的奶油。她的比喻恰当地说明了服装的广泛性、大众性、一般性，以及时装的精华性、特殊性。

（二）服装设计与系列服装设计

设计指一种计划、规划、设想、问题解决的方法，是通过视觉形式传达出来的活动过程。服装设计是为什么人、在什么环境、什么地点、什么场合所需的着装设计，是围绕面料、色彩、款式、结构、工艺等方面展开的一系列设计活动，主要由款式、材料与色彩三大要素构成，三者互为支撑，缺一不可。

款式指服装的造型样式，它与人体的结构、形态、运动息息相关。从狭义角度来看，款式指服装的外形轮廓、内部结构及部件构成，广义上的款式还包括服装的色彩和面料设计。通常，服装设计师通过绘制平面款式图、效果图的方式来呈现设计。平面款式图是服装的平面展开图，常被称为平面结构图，或简称平面图。平面款式图是按照人体结构、服装造型的实际比例绘制而成的图示，以实用性为主，不采用夸张的人体比例和动态，而是强调以平面图形清晰地表达出服装正背面款式、外轮廓线、内结构线、分割线、工艺细节等。平面款式图一般构图简洁、结构清晰、线条流畅、虚实分明、表现规范。例如，一般采用0.8毫米粗的水笔绘制缝线、省道和细节，0.3毫米粗的水笔绘制明线迹、纽扣等，外轮廓线、分割线等通常用实线表示，缝迹线、装饰明线等则用虚线表示。款式设计图以线条勾勒的方式表现，工整规范，款式图正、背面的绘制比例通常保持一致，服装的领、袖、省道、口袋、褶、缉明线等部位的比例应正确（图1-3）。

图1-3 款式图

服装效果图是设计师通过对服装色彩、造型、材料以及人体动态的绘制和艺术表现来体现设计构思的时装画（图1-4），以便客户更好地了解设计师的设计意图并提出修改意见，一般以写实风格为主，比例可以适度夸张。

材料是服装设计的重要载体，主要包括服装面料和辅料两大部分。面料是服装主体的表面材料，是体现服装设计意图的重要部分。面料是通过针织、机织、钩编或黏合纱线的方法而产生的材料，其主导地位决定了服装的造型、风格、性能等表现。服装辅料指除了面料以外，还发挥连接、支撑、装饰等辅助作用的材料。服装辅料主要有里料、拉链、纽扣、衬料、填料、胸托、垫肩、缝纫线等。里料是服装最里层、用来部分或全部覆盖服装反面的材料，一般在服装的腰部、领部或下摆处固定。它能使服装的反面（内部）看起来光滑，具有光洁美观、穿脱方便、阻止脱散、增加保暖等作用。衬料是位于面料与里料之间，发挥支撑作用的服装材料；絮填料是介于面料与里料之间，具有隔热作用的服装材料；拉链、纽扣、垫肩、胸托等辅料，对于服装造型、人体曲线的塑造也发挥着重要作用。

图1-4 服装效果图（莫海婷设计）

俗话说“远看颜色，近看花”，色彩是极具感染力的视觉语言，能给人们留下深刻的第一印象。色彩按照色系分成无彩色系和有彩色系两大类。无彩色系指黑色、白色及黑白调和形成的各种灰，只有明度一种属性，如黑色、白色、暗灰色、中灰色等。有彩色系的色彩具有色相、明度、纯度三种属性，在可视光谱中，红、橙、黄、绿、青、蓝、紫为基本色，通过这些色彩不同程度的混合，产生出无数的色彩，皆属于有彩色系。

系列服装设计指的是设计师为特定消费群体，推出的某一主题、某一季节、某一品牌的多套服装设计，“系列”有别于“单套”，构成系列至少需要2套服装，多则不限。系列服装既有整体性，其单套服装又具有个性。设计师需要充分运用面料、款式、色彩、配饰、细节等元素，使系列中的各套服装既有变化，又具有统一的风格、主题，形成一个有机整体。在香奈儿（Chanel）2019年早春女装系列服装中，除了采用经典的粗花呢、山茶花、菱形格纹包、双C等标志性元素外，还加入了贝雷帽、海军领、邮轮图案、救生圈等设计元素，打造出一系列年轻、时尚、俏皮的女性形象（图1-5）。

图1-5 香奈儿2019年早春女装系列

（三）服装设计师

服装设计的基本目的是美化人，满足人对服装功能的要求，为生产和市场需要服务。服装设计虽然属于设计范畴，但服装设计和文学、艺术、历史、哲学、经济、宗教、美学、心理学、生理学以及人体工学等社会科学和自然科学密切相关，因此，它也是一门综合性的交叉学科。

通常，服装设计会随着时间、地点与场合等因素的变化而变化，服装设计师必须能预见各种变化，从而更好地设计，满足消费群体的需求。服装设计师并不仅仅提供设计的构思或想法，事实上，从整合流行趋势信息、确定设计元素、绘制草图、制作设计文案、到选择材料、督导服装制作生产、服饰搭配及服装发布等，服装设计师虽然不一定事必躬亲，但需要与面料商、制板师、工艺师等相关人员进行沟通与交流，确保团队能有条不紊地完成任务。

20世纪中期，巴黎高级时装设计师克里斯托伯尔·巴伦西亚加（Cristobal Balenciaga）给高级时装设计师下过如下定义：在绘图方面应该是建筑师，在造型方面应该是雕塑师，在选择色彩方面应该是绘画大师，在服装的整体和谐方面应该是音乐家，在比例方面则更应该具有哲学家的头脑。设计师必须扮演很多角色，如艺术家、科学家、心理学家、政治家、数学家、经济学家、推销员，还要具备长跑运动员的体力。

因此，成为一位优秀的服装设计师，应具备以下素质和技能：

（1）良好的沟通、交流与合作能力。

（2）创新思维能力与实践能力，能经常产生新想法并乐于实践。

（3）丰富的想象力，能将抽象的想法和激情很好地转化成任务所需。

（4）敏锐的感知力。服装市场变化很快，设计师对于市场、信息的敏锐感知力和把握能力对企业十分重要，若缺乏这种能力，就会处于被动地位。

（5）准确的预见力。服装市场流行不断变化，所以设计也具有持续性。服装设计师必须具备预测未来流行的能力，能够始终引领市场走向的设计师才是赢家。

（6）拥有自己的信息渠道。设计师应该拥有自己的信息渠道，快速有效地从外界获取信息和反馈信息是设计师紧跟时代步伐的保证。

（7）扎实的绘图能力。为了更好地表达设计，需要熟练掌握手绘工具及计算机绘图软件。

（8）商业头脑，具有成本和利润的计算与分析能力。

（9）成熟的风格驾驭力。

（10）熟悉服装工艺。设计人员应掌握手缝工艺、机缝工艺、熨烫工艺、部件制作工艺等服装制作工艺流程及原理。

（11）合理安排时间，能组织信息和资源，办事敏捷。

（12）写作能力。具有良好的书面交流和书写报告的能力。

二、服装的分类

（一）按年龄划分

在服装设计领域，通常按以下年龄段对服装进行划分：出生~1岁为婴儿装，2~5岁为幼儿装，6~11岁为儿童装，12~17岁为少年装，18~30岁为青年装，31~50岁为成年装，51岁以上为中老年装。童装款式结构一般较为简洁，方便活动和穿脱，色彩明亮，或饰有可爱童趣的图案。老年人在服装方面更讲究轻便舒适、端庄稳重，大多热衷于中性、沉稳的色调，但是近些年越来越多的老年人开始接受色彩明快、鲜艳的服装（图1-6）。

图1-6 不同年龄群体的服装

（二）按季节划分

服装按照季节可以分为以下几种：适合于春秋季节穿着的单衣、外套等春秋装，适合于夏季穿着的裙装、背心、短袖、短裤等夏装，以及适合于冬天穿着的羽绒服、大衣等冬装。

（三）按品种划分

服装按常见的品种，可以划分为套装、风衣、裤装、裙装、衬衫等。在迪奥2020年春夏时装发布会上，展现出品种丰富、充满大自然气息的设计作品，该系列中的裙装、风衣、裤装上大量运用了印花与刺绣元素，轻盈的长裙，垂坠感十足的工装连体裤，融合了休闲街头艺术的扎染牛仔单品，让牛仔服装更有灵动性，黑色和卡其色条纹西服套装更显高级沉稳，结合贴近自然色彩的编织腰带、印花编织帽、流苏穗子等作为点缀，增添了一丝春天的气息（图1-7）。

图1-7 迪奥2020年春夏女装系列

（四）按功能划分

根据保暖、防御或其他实用功能，服装一般可分为以下几种：防护服、社交服、演出服、居家服、运动装、休闲装等（图1-8）。其中，防护服可细分为工作服、消防服、防雨服、登山服等。

冲锋衣是户外运动必备装备之一，无论是登山、远足、滑雪还是攀岩，冲锋衣都能在各种极限运动中派上用场。这要归功于冲锋衣面料所发挥的功能作用，此外，通过内置胸袋、内部背带、压胶工艺等服装结构设计与工艺制作，还能实现防风、防雨、透气等功能。在极端恶劣的环境下，冲锋衣不仅具备较好的保暖性，还方便攀岩、登山等极限运动。

图1-8 不同功能的服装

（五）按国际通用标准划分

❶ 成衣

成衣是20世纪出现的按照一定的规格、号型标准批量生产的衣服，是一种相对于量身定制、手工缝制而言的服装类别。成衣一般分为普通（大众）成衣与高级成衣。常见的标法有两种。一种是传统的S、M、L、XL等标法。“L”（Large）表示大号，“M”（Middle）表示中号，“S”（Small）表示小号，“XL”（Extra Large）表示加大号。另一种是“号型”标法，“号”指身高，是设计服装长度的依据，以厘米为单位进行表示；“型”指人体的胸围或腰围，是设计服装围度的依据，也以厘米为单位进行表示。在“号型”标法里，通常根据胸围与腰围的差数把人体划分为Y、A、B、C四种类型，代表着不同的体型大小。Y为宽肩细腰体型，A为正常体型，B为腹部略突出的微胖体型，C为肥胖体型。例如“170/88A”，表示身高为170厘米，净体胸围为88厘米的正常体型。

（1）普通成衣：指按照计划大批量生产，在流水线上生产的标准号型的服装，具有标准化、商品化、系列化的特点。成衣作为工业产品，符合批量生产的经济原则，产品规模系列化、包装统一化，具有加工速度快，价格便宜，流行周期短等商业化的特点。成衣符合当今时代需求，适合现代服装生产方式。

（2）高级成衣：指以中产阶级为对象，按照标准号型生产的高档成衣。高级成衣在服装的板型、面料、工艺及装饰细节上比普通成衣更为讲究，有一定手工加入，成本较高。高级成衣虽然不如高级时装那般裁剪合体与精致，但高级成衣会在一定程度上运用高级时装的制作技术，且相对高级时装来说，高级成衣的价格较低。

20世纪中叶，社会经济发展迅猛，生活水平提高，人们对成衣高级化的需求急剧增加，而购买高级定制的消费群体急剧减少，导致高级成衣出现，并蓬勃发展起来。此外，高级定制时装被大量仿制，这也是促成巴黎高级成衣出现的原因之一。1959年，皮尔·卡丹（Pierre Cardin）为法国的春天百货分店设计了第一个成衣系列，他同时也是举办高级成衣发布会的第一位高级时装设计师，伊夫·圣罗兰（Yves Saint Laurent）则是开办高级成衣店的第一人。随后，设计师们开始纷纷推出成衣系列作品，开拓高级成衣市场。

常见的高级成衣品牌有法国的迪奥、纪梵希（Givenchy）、香奈儿、伊夫·圣罗兰，意大利的古驰，美国的拉夫劳伦（Ralph Lauren）等。高级成衣可谓是社会发展的必然产物，是涉及消费群体的生活方式、审美价值的工业产品，体现出科学、艺术和生活水平的嬗变与发展。巴黎、纽约、米兰、伦敦四大时装周是高级成衣发布和交易的时尚盛会（图1-9）。

❷ 高级时装

高级时装也称高级女装、高级定制。高级定制的法语为Haute Couture，Haute表示顶级，

图1-9 高级成衣

Couture指女装缝制、刺绣等手工艺，从字面意思可以理解为高级缝制或裁剪。高级定制服装采用高品质、昂贵且不寻常的面料，由手工经验丰富、技术高超的裁缝师为着装者量身定制。此类服装极为注重细节，拥有独特的设计、高超的裁剪技术、精良的制作工艺、昂贵的成本及高端的受众群体，体现了时尚的最高境界。高级定制服装将传统工艺与时尚前卫结合，不仅把过去宫廷式奢华融入品牌产品，还让那些受人尊敬的刺绣坊、纽扣坊、鞋履坊等顶级的百年手工坊，在经济危机中绝地重生。高级定制服装追求艺术性表达，充分体现了设计师的才华和创造力。

高级时装拥有严格的标准，高级定制时装联合会的成员必须遵守特定的规则，例如，该品牌必须在法国巴黎设有工作室，对其雇用的员工及全职技术人员有着具体的要求，每个时装季必须向公众展示一定数量的原创高级定制服装等。正是这些严苛的门槛条件，高级定制才得以维持其水准。

目前被大众熟知、活跃度高的高级定制服装品牌主要有：香奈儿、迪奥、纪梵希、让-保罗·高提耶（Jean-Paul Gaultier）等法国本土高级定制品牌；非法国籍品牌有：詹巴迪斯塔·瓦利（Giambattista Valli）、华伦天奴（Valentino）、艾丽·萨博（Elie Saab）等，这些服装品牌都是高级定制品牌里的中流砥柱。

有的服装品牌既有高级定制系列，也有高级成衣系列。例如，来自意大利的华伦天奴高定系列，每件单品均秉承定制工艺传统，由首席工匠及专业女裁缝师团队，运用全手工方式悉心打造而成。该品牌男装、女装的成衣系列均散发着优雅精致的美感。

2017年，华伦天奴的春夏女装成衣系列，以文艺复兴时代的繁复花型为主要花型，运用了品牌经典的红色系，结合印花、刺绣、珠饰、褶皱、拼接等多种工艺，演绎出不同层次的红色渐变效果。服装采用了复古植绒面料，重工华丽的表面装饰是该品牌特色，钉珠、烫钻、丝线刺绣、贴布装饰等细节都十分贴切地体现了系列主题，也很好地突显出女性气质。与高级定制系列不同，成衣系列相对更贴近人们的日常生活（图1-10）。

图1-10 华伦天奴2017年春夏成衣系列

三、服装设计元素

（一）造型元素

造型也称款式或外轮廓，在外观上呈现出款式的空间特征。因此，造型往往是服装设计的第一步。服装造型属于立体构成范畴，主要通过点、线、面、体四大造型要素，进行分割、组合、积聚、排列，从而产生形态各异的服装造型。在服装设计中，款式、色彩、材质、图案等设计元素都可以通过点、线、面、体呈现出不同的视觉效果。

例如，具有装饰或实用功能的耳环、戒指、胸饰、袢扣、丝巾扣、提包、鞋靴、手表等，相对于服装来说，皆可称为“点”。牛仔裤上的缉明线装饰，面料本身的条纹图案等，都会增加线条的造型感。服装的裁片、零部件、配饰、图案等，可以塑造出不同的“面”造型。将面料进行层叠、堆积、打褶，或借助裙撑、填料、撑垫物等造型辅助，皆可实现服装上“体”的造型效果（图1-11）。

图1-11 造型元素的表现

（二）色彩元素

色彩是重要的设计元素之一，可以很好地表达审美情感，赋予服装多样化的表现。在进行服装色彩搭配时，应该先明确主色、辅助色与点缀色，制定出合理的色彩搭配比例，注重色彩的全局性。

主色指在服装整体效果中占据主导地位的颜色，是服装的基调。辅助色在面积上仅次于主色，主要充当丰富、烘托、融合主色的作用，在服装色彩中起到平衡主色的作用。点缀色在服装色彩搭配中占极小面积，由于在面积上最小，易于变化，因此，点缀色既能调节服装整体视觉效果，避免单调，又能烘托整体风格。点缀色可以是点睛之笔，是整个设计的亮点所在，不过，在设计时应把握点缀色与整体色彩的对比关系。

狭义上的服装色彩指衣服本身以及与其相搭配的饰物、附属品的色彩。例如，在意大利著名奢侈品牌芬迪（Fendi）2020年春夏系列时装秀上，设计师以落日的余晖和晚霞为灵感，使用大量温暖俏皮的姜黄色、现代优雅的棕色、郁郁葱葱的绿色，散发出蓬勃的生命力。结合皮草、莱卡衬衫、开襟针织衫、沙滩手提包，以及格纹、花卉等印花元素，呈现出一系列慵懒、活泼的服装设计，让女性通过该系列服装体验到自然与美好（图1-12）。

广义上的服装色彩还包括穿着者的发色、肤色等。体态较胖的人不适合暖色调，尤其是明度、纯度高的暖色调，因为暖色产生色彩膨胀的感觉，会使人显得更加臃肿。深色皮

图1-12 主色、辅助色与点缀色

肤的人适合鲜艳强烈的颜色，柔和的色彩适合白皙的肤色。此外，服装色彩与其质感表现也有关联。例如，红色用于塑料上显得廉价与活泼，而用在高档的丝绸上，则显得奢华、典雅。黑色的涤纶织物看上去比较廉价，黑色的羊毛织物却显得十分昂贵。

（三）材料元素

服装材料主要指服装面料与辅料。面料的成分、织造方式、外观、手感、质地等因素，不仅直接影响着服装的结构、塑形效果，还影响着最终服装风格的呈现。织物指用纤维或纱线制成的纺织品，一般包括机织物、针织物和非织造物（无纺织物）。机织物是由相互垂直排列的经纬纱按照一定规律织成，结构稳定；针织物则由一组或多组纱线弯曲成圈并彼此串套在一起形成，弹性好、透气性佳。非织造物是指直接由纺织纤维、纱线或长丝，经过机械或化学加工，使之黏合或结合而成的薄片状或毛毡状结构物。通常，服装面料采用机织物或针织物为主，在医用服装、防护服的领域则常用非织造物。

❶ 机织服装织物

棉织物：以棉纱线或棉与棉型化纤混纺纱线织成的织品，具有透气性好，吸湿性好的特点，穿着舒适，是实用性强的大众化面料。棉型织物通常可分为纯纺、混纺两大类。在市面上常见的棉织物有平布、府绸、巴厘纱、斜纹布、卡其、牛仔布、泡泡纱、灯芯绒等。

麻织物：由麻纤维纱线纺织而成的纯麻织物，以及麻与其他纤维混纺或交织的织物，统称为麻型织物。麻型织物的共同特点是质地坚韧、粗犷硬挺、凉爽舒适、吸湿性好，是理想的夏季服装面料，麻型织物可分为纯纺和混纺两类，包括夏布、亚麻面料等。

丝织物：纺织品中的高档品种，主要指由桑蚕丝、柞蚕丝、人造丝、合成纤维长丝为主要原料的织品，具有薄轻、柔软、滑爽、高雅、华丽、舒适的优点，包括电力纺、乔其纱、软缎、真丝绫、塔夫绸、香云纱、绵绸等。

毛织物：以羊毛或特种动物毛为原料，以及羊毛与其他纤维混纺或交织的纺织品，一般以羊毛为主，它是高档服装面料，具有弹性好、抗皱、挺括、耐穿耐磨、保暖性强、舒适美观、色泽纯正等优点，深受消费者的欢迎。毛织物包括精纺毛织物、粗纺毛织物，例如麦尔登、大衣呢、粗花呢等。

❷ 针织服装织物

针织面料按用途可以分为内衣面料、外衣面料、衬衣面料、裙子面料和运动装面料；根据其织造特点可以分为经编面料与纬编面料两大类。纬编面料使用原料广泛，面料质地柔软，具有较大的延伸性、弹性以及良好的透气性，但挺括度和稳定性不及经编面料。例如，经编织物的提花面料外观挺括，表面凹凸效果显著，立体感强，花型多样，外形美观，悬垂性好。

❸ 服装面料与设计应用

适用于礼服的面料主要有府绸、锦缎、欧根纱、蕾丝、塔夫绸等；适合运动装的面料主要有高弹力丹宁、涂层面料、尼丝纺、功能性面料等；适合职业装的面料主要有麦尔登、华达呢、花呢、海军呢等；适合内衣的面料主要有棉布、亚麻布、莫代尔、真丝面料等（图1-13）。

府绸
质地细密、平滑、有光泽，悬垂性好，手感细腻朴实，无弹力，透气性好。

欧根纱
面料较为轻盈，透明或半透明，质地较硬，有利于塑形，折叠后易起皱，常用于婚纱设计。

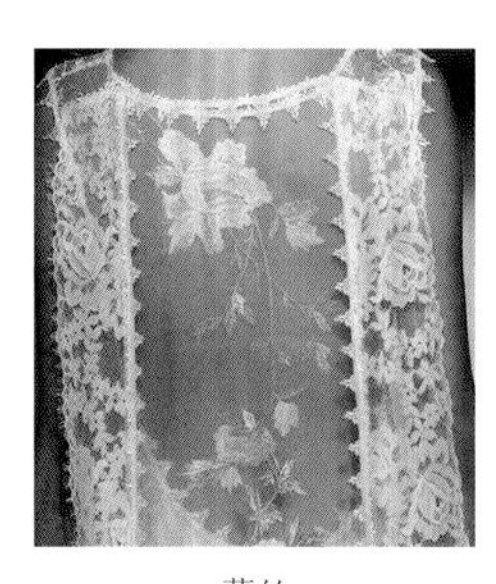

蕾丝
工艺精美，手感舒适，网底细腻柔软，活性染色，色泽鲜艳，不易褪色，透气性强。

塔夫绸
绸面紧密、细洁、平挺、光滑，手感硬挺，色彩柔和，有光泽。

高弹力丹宁
具有高性能防污、防臭和抗菌性能的高弹弹力丹宁，成为未来的趋势，多运用于专项运动装面料。

涂层面料
以回收物制成，但具有高级质感，外观与性能俱佳，具备极好的风雨防护性与透气性。

尼丝纺
具有平整细密、柔软、轻薄、坚牢耐磨、色泽鲜艳、易洗快干等特性，是运动、户外服装的常用面料。

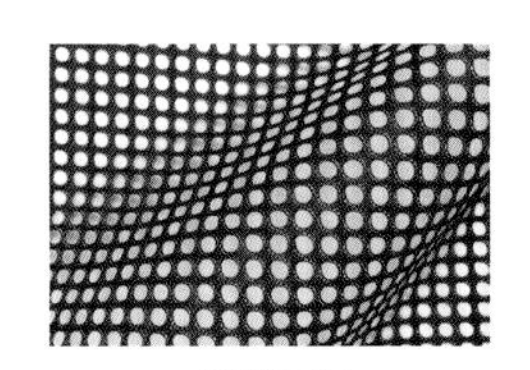

功能性面料
采用激光切割技术呈现精确的几何图案，具有通风、透气的功能，吸汗性大幅增强，适用于运动装。

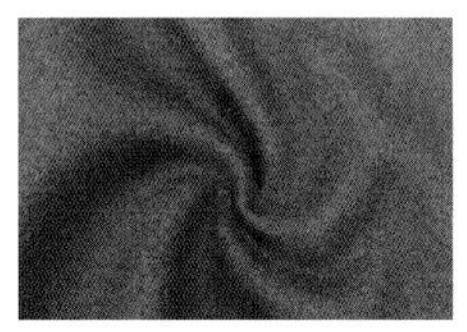

麦尔登
采用进口羊毛或国产一级羊毛，混以少量精纺短毛织成。呢面丰满、细洁、平整，身骨紧密挺实，富有弹性，不起球，不露底。

华达呢
呢面平整光洁，斜纹纹路清晰细致，手感挺括结实，色泽柔和，多为素色，也有闪色和夹花，坚牢耐穿。

花呢
以各种纱线为经纬纱，运用组织的变化和组合，使呢面呈现各种条、格、小提花及隐条效应。手感滑糯，质地轻薄，弹性好，花型美观大方，颜色艳而不俗，面料风格高雅。

海军呢
用一、二级国产羊毛和少量精纺短毛织成。呢面细密、平整、柔软，手感挺实有弹性，但个别产品有起毛现象。

丝绸
高贵华丽，富有光泽，细腻柔软，悬垂飘逸，透气性强，穿着舒适。

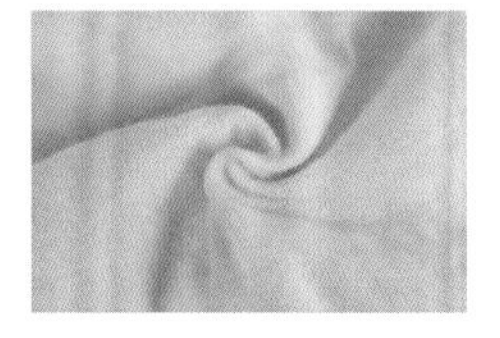

棉布
透气性好，抗皱性差，拉伸性也较差；耐热性较好，仅次于麻；对染料具有良好的亲和力，染色容易，色谱齐全，色泽也比较鲜艳。

亚麻布
有一定的保健功能，舒适、透气、抑菌，还有抗紫外线和防静电的功能，并且阻燃效果极佳。

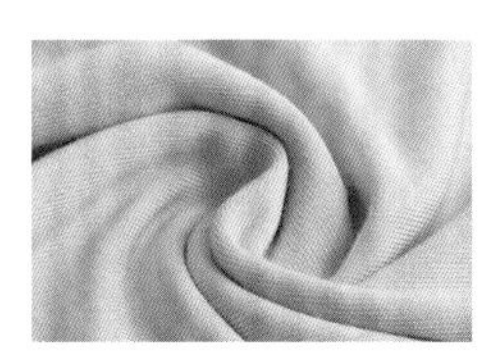

莫代尔
具有较好的光泽、优良的可染性及染色后色泽鲜艳的特点。贴身，舒适度、亲肤性好，吸湿导汗性比棉好，有丝绸般的手感。

图1-13 面料与应用

如今，纺织面料不再是服装设计范畴中唯一的选择。例如，在2000年的秋冬时装周上，侯赛因·卡拉扬（Hussein Chalayan）创作了“游走的家具”系列。他在秀场上摆放了四把沙发椅、一张桌子、一台平板电视、几个花瓶和花盆，犹如一个普通家庭的客厅模样。模特穿着简单的服饰，依次走出并进入客厅，就像去朋友家里参加派对一样。四个模特穿着别致的灰色连衣裙走近沙发椅，她们分别将沙发套取下来，在解构与重组后变成连衣裙穿在身上，四张沙发椅经过折叠后，变成四个行李箱，模特把行李箱拎起来，离开了现场。最后一个模特则走入桌子中间的洞里，将桌子像伸缩裙一样拉了起来并穿在身上，然后离开（图1-14）。侯赛因·卡拉扬试图通过服装消除人与物之间的固有界限，这个系列创作令他名声大噪。

图1-14 “桌裙”设计

（四）图案元素

图案题材繁多，主要有植物、动物、几何、字母、人物等，图案是影响服装风格的重要设计元素，为了突出服装风格和认知度，某些品牌惯用一些典型图案。例如，爱马仕（Hermès）品牌的典型图案是马具图案；路易威登品牌的经典图案元素是LV字母、圆圈包围的四叶花卉、四角星、凹面菱形内包四角星，以此排列组合成经典图案，常应用于服装、配饰等产品之中。

服装图案的装饰部位较多，主要有服装的衣领、前襟、后背、袖口、下摆等处。领部图案装饰于服装领子的边缘、领角、领面等部位；前襟图案装饰于服装的前门襟、前胸部位；后背图案装饰于服装背面面积较平坦的部位，此处通常可以装饰比较完整的图案；袖口图案装饰于服装衣袖的边缘或袖口里外、上下部；下摆图案装饰于上衣、裙子或裤子的下摆处，此处通常可以采用边饰图案和单独图案。

图案根据装饰形式可以分为满花装饰与局部装饰两种。满花装饰图案给人感觉比较活泼、飘逸、洒脱，若处理不当，则会给人带来压抑之感。过多的装饰满足不了人们对简约、明快风格的需求；过于简单的满花设计，容易产生设计无力之感（图1-15）。

在服装配饰处进行图案装饰，例如，在头巾、领带、鞋帽、围巾、手套、包袋、纽扣、皮带或首饰等处，营造局部装饰效果也可以形成整体的设计风格（图1-16）。

图1-15 服饰图案

图1-16 配饰图案

（五）部件元素

部件元素指袖子、领子、口袋等服装零部件或服装细部的设计。部件的类别、大小、造型、色彩、数量、位置、质地等因素对服装风格影响颇大（图1-17）。

图1-17 袖子的夸张表现

（六）工艺装饰元素

工艺装饰元素指采用特殊技艺加工的、有一定艺术性的装饰设计，常用的工艺有刺绣、编结、印染和手绘装饰等。运用工艺装饰元素时，应注意装饰物的种类、材质、造型、色彩等要素的综合运用（图1-18）。

图1-18 装饰与工艺

（七）配饰元素

配饰元素指构成服饰品的种类、材质、造型、色彩等要素。配饰能提升服装整体效果，往往起到画龙点睛的作用。例如，珍珠成为亚历山大·麦昆（Alexander McQueen）2013年秋冬系列的首要装饰元素。2014年春季，侯赛因·卡拉扬将雨伞与帽饰融合，将透明塑胶遮阳宽帽设计成阳伞，前卫且俏皮（图1-19）。

图1-19 配饰

第二节 服装设计风格

服装设计风格受时代特色、民族传统、社会面貌、科学技术等因素的影响，是设计师在设计理念的驱使下，采用款式、色彩、面料、图案、配饰等具有核心特征的设计元素，形成的综合视觉效果。掌握服装设计风格对于服装造型艺术具有指导作用，同时，也具有一定的商业价值。服装设计风格有不同的划分标准，常见的服装设计风格有民族风格、历史风格、艺术风格、后现代思潮风格、休闲风格、运动风格、个人风格等。

一、民族风格

民族风格服装一般指符合日常穿着的改良民族服装或含有民族元素的服装。不同的国家和地区，其民族构成不同，服装设计风格也存在明显差异。据此可以将服装设计风格分为中国风格、日本风格、非洲风格、波希米亚风格等。

（一）中国风格

中国风格代表我国传统服装样式，以宽松、合体的平面型结构为特点。款式上多为偏襟和对襟的形式，面料上以棉、麻为主，工艺上以刺绣、蜡染、扎染等居多，装饰上以民间民俗图案、少数民族图案、古典图案等传统图案为重（图1-20）。

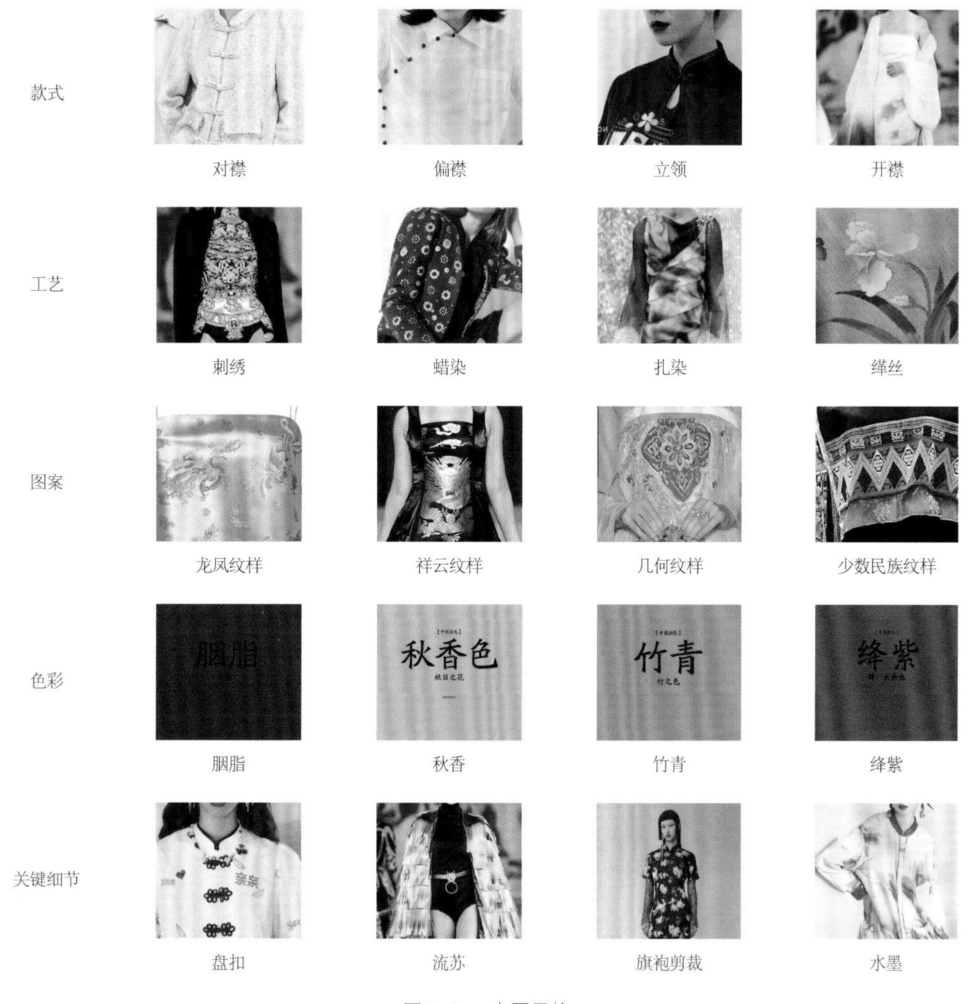

图1-20 中国风格

由中国著名服装设计师熊英女士创立的品牌——盖娅传说，在近几年引起了国内外时尚界的关注。盖娅传说以中国传统文化为设计元素，遵循自然之道、简约唯美的设计理念，选用上等材料，专注细节，致力于将原创精神转化为独特的服饰美学文化，展现东方文化的魅力。在其2019年秋冬系列中，设计师融入了一些昆曲的元素，层层递进地展现“春·莺飞蝶舞”“夏·满绿蜓声”“秋·金梦知秋”“冬·傲骨梅松”4个季节的灵动意境。灵动的水墨晕染、绝妙的刺绣技艺、精致的纹饰肌理、妥帖的板型剪裁……完美地将中国传统文化元素与当下时尚融合，充分调动了人们内心深处的民族文化自豪感（图1-21）。

图1-21 盖娅传说·熊英2019年秋冬系列

（二）非洲风格

非洲风格特色鲜明，色彩绚烂、图案粗犷、线条奔放，别有风味。由于非洲跨越赤道，气候炎热，故服装款式一般宽松、简单，以穿着凉爽舒适为主。头饰是非洲女性服饰的重要组成部分。在非洲的很多部落，妇女们的脖子上都系有许多璀璨的串珠圈，腰上也围着红色的串珠套。原生态美感，是不少设计师对非洲风格的印象。

天纳吉儿（Tina Gia）品牌发布的2018年春夏系列服装主题为“卡萨布兰卡——走近非洲”。据说创始人兼设计总监许庆辉在每季产品开始设计之前，会带着整个设计团队实地采风，了解当地的风土人情、传统文化，寻找创作灵感。该系列采用棉、麻、真丝等面料，以及富有科技感、未来感的环保纱线材质。宽松的阔腿裤、连衣裙，浓烈大胆的配色，热情洋溢的非洲图腾、条纹、几何纹，流苏包搭配金属饰品，体现出慵懒的优雅与时尚（图1-22）。

图1-22 非洲风格成衣设计

（三）波希米亚风格

波希米亚风格服装是一种以捷克共和国各民族服装为主，融合了多民族风格的现代多元文化产物，并不局限于波希米亚当地的民族服装。此类服装风格的典型表现为层层叠叠的花边、大朵的印花、手工花边、细绳结、皮质流苏和波浪乱发等。

早在20世纪80年代，意大利品牌艾绰（Etro）的创始人吉墨·艾特罗（Gimmo Etro）重新创造了家喻户晓的佩斯利花纹，艾绰腰果花纹便是该品牌的经典图案，吉墨·艾特罗的女儿维罗妮卡·艾特罗（Veronica Etro）于2014年9月，在米兰时装周上发布了艾绰2015年春夏系列。该系列仍以佩斯利花纹为主题，偏爱手工艺的她，采用染色、刺绣、编织等方式重塑了20世纪60年代旧金山的嬉皮士风情：佩斯利花纹的连身裙、及膝流苏长靴、手工绣花马甲、流苏斗篷、印第安图腾图案的绲边、边缘磨损的部落风格牛仔裤、羽毛项链和珠串……把混搭、层叠的波希米亚风格演绎得十分纯熟（图1-23）。

图1-23 波希米亚风格

二、历史风格

以西方历史为例，常见的服装设计风格类型有古希腊风格、拜占庭风格、哥特风格、巴洛克风格、洛可可风格、帝政风格等。

（一）古希腊风格

古希腊风格以自然的造型、流动的线条、高腰的形式、单纯的色彩为特色。传统的古希腊服装多采用不经裁剪、缝合的矩形面料，通过在人体上的披挂、缠绕包裹身体，并采用在肩上别金属别针、腰间束带等方式固定。服装能够呈现出人体的自然曲线，且这种结构能在衣身上形成许多细密的褶裥，形成特殊的服装风貌。若采用石膏白或淡雅的纯色丝绸、薄纱等面料，能彰显出现代女性的别样风情。

香奈儿2018年早春度假系列以古希腊风为主题，该系列服装采用香奈儿经典的花呢、针织以及丝绸、亚麻、蕾丝、雪纺等面料，搭配随性垂下的流苏与刺绣，希腊式衣袖、收

图1-24 古希腊风格服装

褶设计，展现古希腊风格特有的垂褶。针织衫上描绘的浪花、波纹、棕榈树叶、金叶桂冠印花图案以及月桂枝构成的双C标识，镶有宝石的金臂环和系带凉鞋等，将古希腊风格与香奈儿品牌的经典特质和谐地融合在一起（图1-24）。

（二）拜占庭风格

拜占庭时期的服装织物绚丽多彩，衣料奢华，种类丰富，色彩上以金色、红色、蓝色搭配为主。除了注重衣料质地外，也非常重视表面装饰，以“奢华”著称的拜占庭服饰，常采用精巧的金属工艺，流苏、绲边以及宝石装饰非常普遍，且具有东方文化的特征。服饰纹样题材广泛，马赛克式镶嵌装饰、平铺花纹以及竖条纹，都成了拜占庭风格服装的标志性元素。

以香奈儿2011年早秋系列为例，卡尔·拉格斐（Karl Lagerfeld）借鉴了拜占庭的马赛克镶贴装饰艺术和奢华精致的丝绸刺绣工艺，与香奈儿经典粗花呢相结合，精致的珠宝纽扣、方头靴子、黑色皮革手套、发带、羽毛、流苏、镶嵌彩色宝石装饰……奢华绚丽，呈现出女性慵懒又华贵的形象（图1-25）。

图1-25 拜占庭服装风格

（三）哥特风格

在现代哥特风格女装中，其造型与哥特风格建筑上的“锐角三角形”有着相似之处，在服饰的细节处理上均出现带角的造型。例如，呈尖形和锯齿形的服装下摆设计、高耸的立领或荷叶领结构。在色彩上主要采用建筑中玻璃花窗的蓝色、红色；注重视觉刺激效果的材质，如皮革、PVC、橡胶、乳胶、绸缎、天鹅绒、透视效果的蕾丝、网眼面料以及绳子、铆钉等各类非常规材质。配件主要有尖头鞋、尖顶高帽、长头巾、披肩、斗篷、长手套、面纱等。

在法国某品牌的系列设计中，设计师将服装衣袖塑造成哥特时期的长条饰布蒂佩特（Tippet）的造型，颇具戏剧感。印度裔设计师纳伊・姆汗（Naeem Khan）则以暗色调为背景，精裁的套装采用手工刺绣亮片，形成繁复的全身花卉装饰，搭配蝴蝶结衬衫，塑造出华丽、繁复的哥特风格（图1-26）。

图1-26 哥特风格服装

（四）巴洛克风格

传统的巴洛克服装浮夸矫饰，过于追求形式美感和装饰效果，上装追求紧身合体的剪裁，下身利用紧身胸衣、臀垫、褶皱、拖裙等塑造夸张的造型。烦琐堆积的褶皱、花边和花饰，构成了巴洛克服饰雍容华丽的效果。巴洛克风格的服装一般为X型、A型、酒瓶型等廓型。面料上常采用塔夫绸、雪纺、纱缎、皮革、绸带、蕾丝等，常用金绠子、金银丝刺绣、褶裥、缎带、立体的装饰花和花边镶绲等装饰手法，意在突显花团锦簇的视觉效果和宫廷风格，这种装饰手法一般应用于袖子、前胸、肩部、臀部、裙摆等处。

独特的巴洛克艺术印花是意大利服装品牌范思哲（Versace）的典型特征。该品牌将美杜莎头像、多彩的印花图案、华丽的巴洛克风格等经典元素，结合当下流行的牛仔、粉彩、波普艺术等休闲元素，为巴洛克风尚注入了新鲜活力。多娜泰拉·范思哲（Donatella Versace）从1991~1995年的作品资料中，直接发掘印花图案和款式，在这些不同印花主题的基础上，重新改良并诠释了多款作品，其中包括花式衬衫、方肩外套、打底裤、紧身连衣裤、胸衣、风衣、紧身连衣短裙以及半身长裙等（图1–27）。

图1–27 巴洛克风格

（五）洛可可风格

洛可可风格服装具有细腻甜美、娇柔纤弱的特点。这种风格在色彩与装饰上，崇尚自然，常用甜美的香槟色、奶油色、白色、金色、粉红色、粉绿色、浅蓝色、淡黄色等娇嫩、柔和的色彩。洛可可风格图案以花卉、风景等题材为主，尤其是小型碎花、卷草纹样，以写实形式表现。受中国文化的影响，龙凤、亭台楼阁等中国传统图案也被运用于洛可可风格的女装中。洛可可服装在装饰上也极其纤弱柔和，领子、袖口、胸前、裙身、下摆等处使用金线、蕾丝、花边、荷叶边、蝴蝶结、褶皱、立体花饰等繁复的装饰手法。织锦缎、雪纺绸、蕾丝、印花亚麻布、中国绉纱等面料广泛用于紧身胸衣和裙装中。帽子是主要配饰，戴在高耸的发髻上，有造型各异的花朵、羽毛、小鸟甚至帆船作为装饰。此外，绣花手帕、蕾丝面具、绢质折扇、绣花高跟鞋、镶有珠石的饰品等也是常见配饰（图1-28）。

在迪奥2007年秋冬高级定制系列中，设计师采用服装色彩从最浅的粉色到淡紫色、冰蓝色、橙色，娇嫩又柔和。绸缎裙上丰富的褶裥、蝴蝶结装饰、精美的刺绣花卉图案，精致细腻，奢华浪漫（图1-29）。

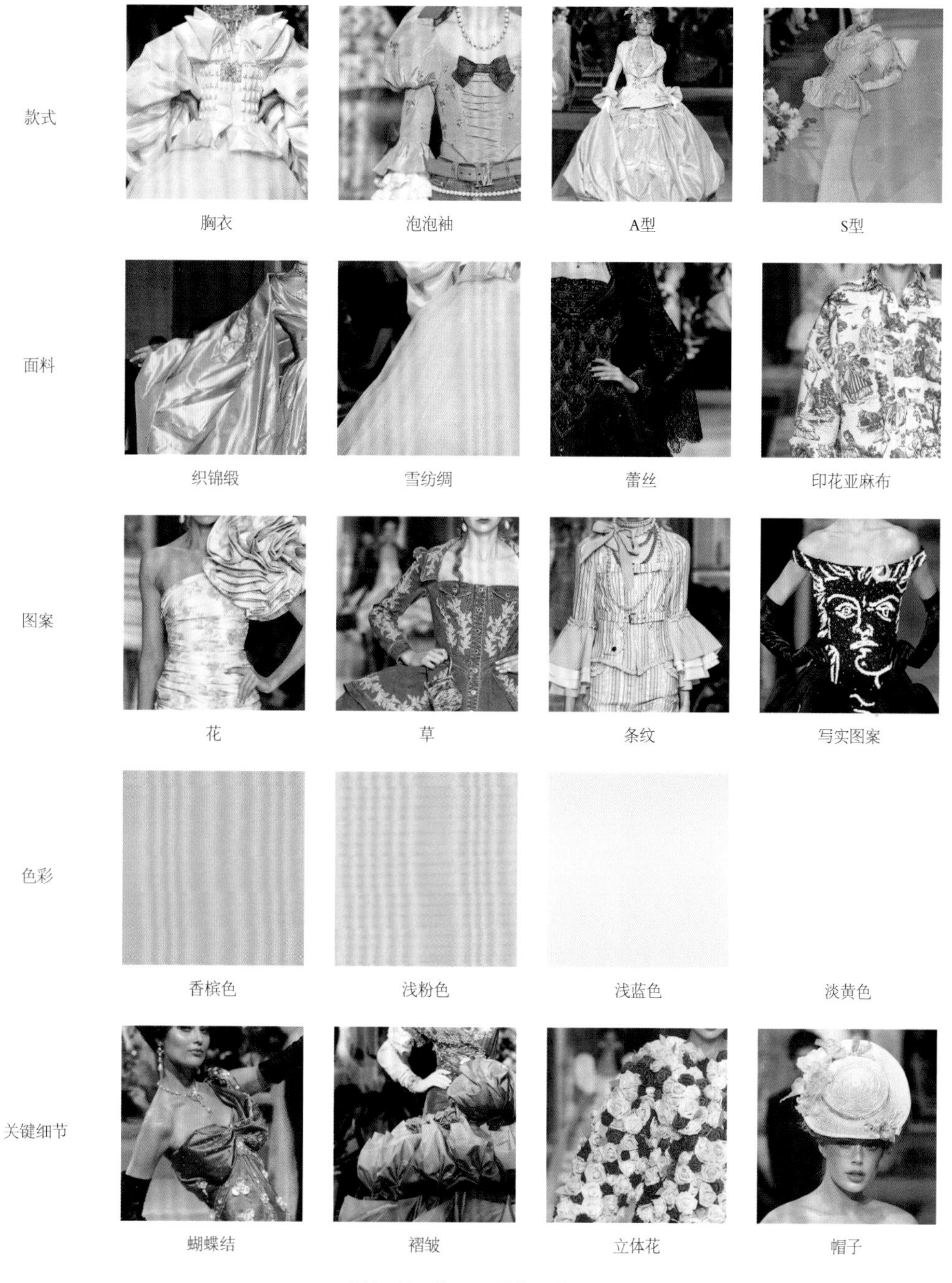

图1-28 洛可可风格元素

莫斯奇诺（Moschino）2020年秋冬女装系列将洛可可时代的泡泡袖、荷叶边、鲸骨裙撑、高耸的假发髻、粉嫩的色调，与现代的机车夹克、牛仔裙、过膝绑带靴和霓虹灯印花裙等服饰融合在一起，浮夸的造型，混搭的面料，形成了充满戏剧化的有趣对比（图1-30）。

图1-29 迪奥2007年秋冬高定系列

图1-30 莫斯奇诺2020年秋冬女装系列

（六）帝政风格

帝政风格服装在造型上强调高腰身、细长裙子，自腰部收紧后向两侧微微张开，常见短帕夫袖与方形领口的设计，且领口线较低（图1-31）。

图1-31 帝政风格服装

三、艺术风格

（一）超现实主义风格

超现实主义风格特点是俏皮、夸张、标新立异，甚至有些荒诞，设计不按常理。超现实主义风格通常表现在服装的造型、结构、色彩、图案等方面。例如，蛋糕造型的帽子、女性红唇造型的口袋、电话形状的手提袋、阿司匹林药丸做成的项链、蜻蜓造型的围巾、动物造型纽扣等（图1-32）。与其说它是一套“服装”，不如说它是一件“艺术品”。

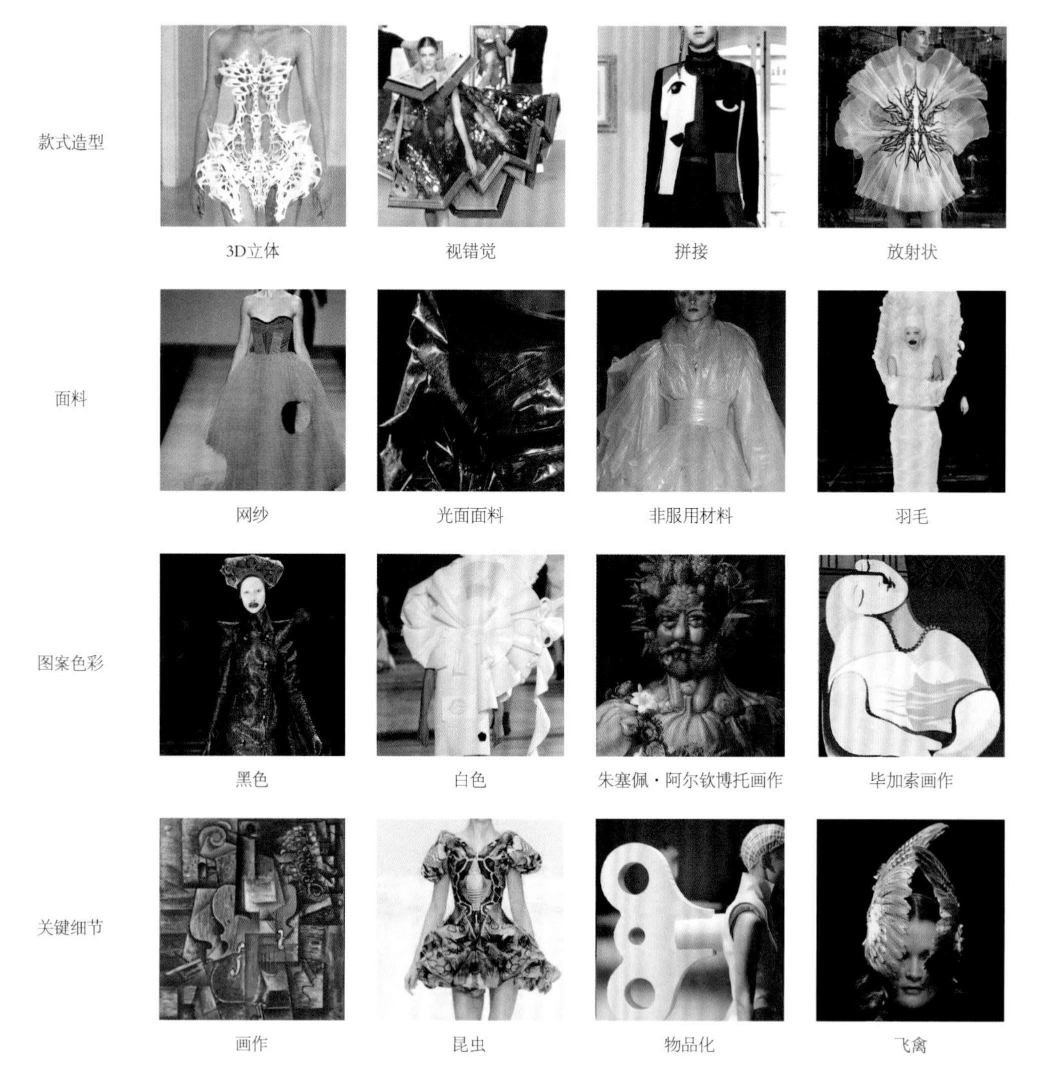

图1-32 超现实主义风格元素

将绘画作品或其色彩移用到服装中，利用图画特殊的视觉效果给人一种新的视觉体验。例如，艾尔莎·夏帕瑞利（Elsa Schiaparelli）曾用高跟鞋的造型做成一顶帽子，将超现实主义画家达利的“泪滴”图案用在她设计的裙装上，又将纽扣设计成昆虫、花、嘴唇等古怪造型。设计师也会将司空见惯的材质，运用视错觉原理为超现实主义风格服装带来不一样的视觉效果。例如，服装品牌维果罗夫（Viktor & Rolf）在2015年秋冬高级定制服装系列中，将一幅画作拆解分开，再重组变为一件服装。设计师现场为模特脱下了用形态各异的“画框”构架的服装，展开并悬挂固定在白墙上。穿在模特身上的大衣、斗篷与裙子，转眼间成为一幅幅17世纪荷兰肖像或是静物名画，构思十分新颖（图1-33）。

此外，在莫斯奇诺2020年春夏系列的秀场上，设计师将毕加索的绘画作品元素与服装的结构、造型、色彩、图案、配饰等进行巧妙地融合。将服装化为“画布”，肆意的笔触、夺目的印花、立体的裁剪，呈现了一个充满趣味性与艺术性的系列设计（图1-34）。

图1-33 维果罗夫2015年秋冬高级定制服装系列

图1-34 莫斯奇诺2020年春夏系列

（二）波普艺术风格

波普艺术为流行艺术，具有时尚、潮流、个性、活泼、张扬的特点。该艺术风格在服装设计上多体现为大胆绚丽、活泼的色彩与图案，尤其是高纯度色彩的使用与搭配。例如，高饱和度的红色、黄色、绿色等。图案的题材主要有通俗易懂的广告、商标、文字、几何、动物、人物等直观、具象的图形和抽象图形。材料主要有塑料、缎料、涂层织物、尼龙、金属制品等。波普艺术家安迪·沃霍尔（Andy Warhol）将自己的设计印刷到连衣裙上。波普艺术从商业文化符号中，直接升华出具象的艺术主题，以粗浅的形式拥抱流行和通俗的大众文化（图1-35）。

（三）欧普艺术风格

欧普艺术又被称为“光效应艺术”或“视幻艺术”，指利用人类视觉上的错觉绘制而成的绘画艺术，在20世纪60~70年代被大量应用于服装设计领域。欧普艺术风格的图案需要经过科学设计，通常按一定的规律排列，形成波纹、圆形或方形等几何图案，使用黑白对比或强烈的色彩填充，这种抽象的图案让人产生图像在波动或前进等错觉，具有眩晕、幻觉感。

图1-35　波普风格

图1-36　欧普风格服装

欧普印花图案所产生的视觉错觉只要运用得当，就可以成功达到修饰、塑造凹凸有致身材的目的。在迪奥2018年春夏系列秀场上，设计师利用黑白格纹，塑造出丰胸、细腰的身材，裙身越靠近底摆，格纹逐渐增大，视觉上感觉裙摆越宽，外套则利用黑白羽毛，堆叠出自上而下逐渐增大的黑白格纹，使肩颈部位成为视觉焦点（图1-36）。此外，在2013年马克·雅可布（Marc Jacobs）春夏系列发布上，设计师利用欧普艺术中的条纹元素，让裙装产生了流动的视觉效果。

（四）极简主义风格

极简主义又称极少主义、简约主义。这种服装设计风格主张去掉多余的、累赘的装饰，还原结构本质和功能。在快节奏、高频率、满负荷的现代社会，极简主义理念与人们关注自我、渴望返璞归真的生活态度相吻合。这种摒弃过多装饰，追求简洁、实用、舒适、干练的服装风格，在国际时尚圈的影响力也越来越大。

极简主义风格是一块极为考验服装设计师能力的试金石。因为这种风格是在西服、大衣、衬衫、裤装、裙装等基础款上，基本不采用图案与装饰的前提下，完成设计。在色彩方面，主要为单一朴实的色调，尤其以无彩色系为多，有时会采用明度较低的蓝色、咖啡色、褐色、红色等色彩作为辅助色。极简主义风格服装对面料的质感、平整度等方面有着非常高的要求。极简主义品牌卡尔文·克莱恩（Calvin Klein）以干净利落的服装廓型、流畅的线条、真正的实用主义著称。此外，素有“极简女王”之称的吉尔·桑德（Jil Sander），以纯粹的裁剪、简洁的线条、单纯的色调来展现现代女性的自信，使用的面料和工艺极为昂贵，所以她的作品被称为“奢侈的简约”（图1-37）。

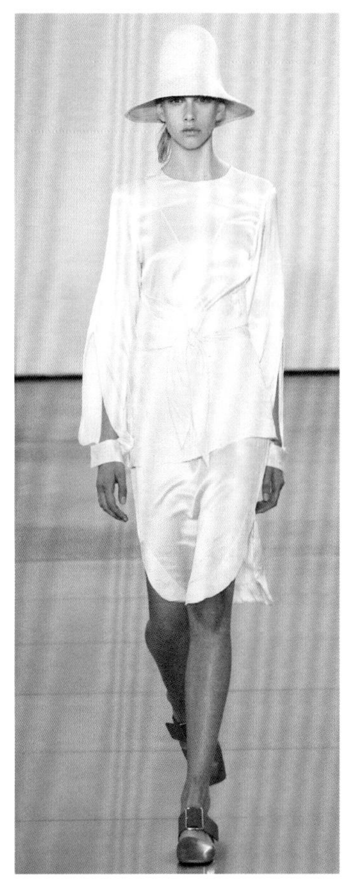

图1-37　极简主义风格服装

（五）解构主义风格

美国学者M. A. 亚当斯（M. A. Adams）说道："解构理论是从结构主义，或更准确地说是从结构主义的对立逻辑出发的。"结构主义强调秩序和整体，注重事物的内在性，解构主义质疑结构主义的一切规则。解构主义在服装设计中表现出对传统观念和传统服装结构的否定，对服装构架重新进行关系的确立。

解构主义服装风格注重服装材料和剖析结构，通常设计师会运用省道、分割线、褶裥、包缠、折叠等方法，拆散原有衣片结构，然后重新组合成一种新的结构，或者采用错位移动的方法，或者采用改变传统面料的方法。例如，有的设计师采用上下、前后、里外的错位，有的则采用一半西服一半衬衫、一半裙装一半裤装、一半毛皮一半真丝等设计，形成强烈的视觉错位感；又或者对面料进行破坏性的结构处理，运用不规则的撕裂、破损、挖洞、开口等方法，表现出无序性、不确定性、残缺感或未完成感，这是解构主义典型的审美观。在色彩方面，主要采用无彩色系，或者无彩色与纯色的对比，后者通过多种色彩明度或纯度对比，形成强烈的视觉效果。

梅森·马丁·马吉拉（Maison Martin Margiela）一向以解构及重组衣服的技术而闻名世界，被誉为解构鬼才。他锐利的目光能看穿衣服的构造及布料的特性。他把长袍解构并改造成短外套，将大量抓破了的旧袜子改造成一件毛衣。在2018年春夏服装系列的秀场上，马吉拉将"肩袖消失"款的风衣裙和工装感的胸衣设计呈现在世人面前（图1-38）。

图1-38 梅森·马丁·马吉拉2018年春夏服装系列

第三节 服装设计流程

许多设计初学者会有这样那样的疑问，例如，想法很多，却不知该从哪下手，不知如何开展设计，或者沉迷于画稿，而忽略了设计实现等问题。因此，拥有一个合乎逻辑、有效的设计流程十分关键，它对具体的设计实践有重要的指导作用，有助于科学、高效地完成服装设计任务。

服装设计流程是指在服装设计过程中，一系列连续有规律的行动，一般可以分为确定任务、调研、拟定设计方案、服装制作等主要环节（图1-39）。这些行动以确定的方式发生或执行，促使设计结果的实现。对于设计初学者来说，掌握服装设计流程，有助于提升工作效率。

图1-39

图1-39 服装设计的一般流程（杨文姬设计，指导老师龚有月）

一、确定任务

作为服装设计初学者或服装设计师，在开展设计之前都会有一个明确的设计任务。不同的人可能会面对不同的设计任务。设计任务可能来自某航空公司的制服设计，可能来自某位消费者的礼服定制设计，也可能是某品牌的季度产品开发。

二、调研

在《牛津英语大词典》（*The Oxford English Dictionary*）中，将调研定义为针对素材和资料来源所进行的系统化的调查研究，其目的在于建立起事实基础并得出新的结论。调研是为支持或发现某一特定主体所做的调查、研究，为创意提供灵感、信息和创作方向，为系列设计提供故事情节。调研是先于设计而展开的创意理念的初期搜罗和汇集，其首要条件是能激发创作，切实可用。

（一）调研的类型

调研的类型可以划分为两大类，一类是收集形象化的灵感素材，另一类是收集具体、可实践操作的素材。前者主要与设计主题、情绪基调或概念相关，后者则主要收集面料、辅料、纽扣等。具体而言，调研是为设计方向提供不同的组成部分或不同类别的事物，例如，色彩、图案、结构、肌理、材料、装饰、文化、流行等。

（二）调研的步骤

❶ 选定主题

主题是设计师通过系列服装所表达出来的对现实的观察、自己的兴趣、对世界的看法，是一个贯穿于整个系列服装的理念或故事，赋予系列服装一个特定的态度或观点。虽然主题集中反映设计师的主观认识，但是出色的设计师能够通过系列服装设计唤起他人的共鸣。主题是设计创作的中心思想，是设计的精髓所在。无论是服装设计初学者还是知名设计师，在进行系列设计之前，通常会初步拟订主题。一个系列的服装设计可以有一个主题，也可以有多个主题。

例如，服装品牌华伦天奴在2016年的高级定制秋季系列中，采用文艺复兴时期盛行的拉夫领、紧身上衣、紧身胸衣、泡泡袖、长袍、切口装饰等设计元素，主题特色鲜明（图1-40）。

图1-40 华伦天奴2016年高级定制系列

❷ 搜集灵感

灵感是设计的源泉，灵感是创新的起点。我们有时会感到某一刻“灵光乍现”“茅塞顿开”，认为灵感的产生具有偶然性、自发性。事实上，灵感是一种创造性思维活动，并非凭空产生的，它可以通过一系列的思维训练，进行有意识的培养。设计师越善于思考，勇于探索，灵感就能产生得越快、越多。

灵感与设计师的阅历、感受、经验、文化、见识、经济、所处地域、环境乃至其素质、爱好等息息相关。搜集灵感的途径很多，大自然、网络、杂志、图书馆、旅行、电影、音乐、舞蹈、服装史、新技术、艺术馆、博物馆等，设计师都可能从中获得灵感资料。例如，服装设计师保罗·波烈（Paul Poiret），曾经受到俄国芭蕾舞的影响，设计出土耳其式灯笼裤。通常灵感资料可以划分为一手资料与二手资料。一手资料是指自己亲自收集和记录的各种发现，是直接提取设计元素的事物，例如，来自博物馆的实物资料，可以通过绘画或拍照的方式收集；二手资料指其他人的发现，一般来自书籍、网络、报纸和期刊。

❸ 整理资料

资料的整理通常分为收集、呈现、筛选及归纳四个步骤。首先，需要收集大量与设计直接相关，或能指引设计的相关视觉素材。然后，将这些资料集中呈现在计算机、手绘本或软木板上，筛选能形成统一视觉风格的元素。将挑选出来的这些元素分别按照主题、色彩、图案、造型、装饰等因素进行分类展示，从而确定设计构思。需要特别注意的是，在筛选、归纳、呈现设计元素时，应当主题突出、目标明确、排版正确、聚焦关键因素，使他人对整个设计构思能够一目了然。总之，在日常生活中，保持记录、收集灵感的良好习惯，有助于活跃自己的设计思维。

在时装设计界，为了使灵感来源可视化，设计师常利用情绪板、故事板或灵感板等一系列以图为主的版式语言来表达设计想法。情绪板主要采用视觉形式的拼贴、解构、参照等方法，进行素材的有效整合。通过筛选、梳理信息，从而快速、有效地确定设计构思，这种方式也便于他人理解设计师想要表达的设计主题与设计思路。情绪板的表达方式多样，照片、图片、手绘、文字、色块、材料等形式皆可。例如，运用铅笔、马克笔等绘画工具和颜料，从素材中提炼出线条、肌理等元素，转化成设计中理想的廓型、内结构线，或是从动物、油画作品中提取想要的色彩、图案等。故事板则指围绕用户绘制一系列多格漫画式的草图，每格画面可取不同景物，并有简短文字标注。除了绘图以外，每格画面也可以采用实拍照片或者角色扮演摆拍照片。

三、拟订设计方案

通过对素材的研究，以设计草图的形式快速地勾勒出服装的外观雏形。在绘制草图阶段，应对服装的廓型、面料、色彩、图案等元素进行简单的表达，因为在采集、研究调研资料的初期，可能会迸发出多个不同的设计方向，而草图有助于将设计理念迅速地记录下来。服装效果图则是设计师通过手绘或计算机绘图表达服装设计的着装效果，可能会从美学的角度适当拉长人体，服装款式图则以平面图形清晰地表达服装正面、背面的所有结构细节与比例关系。可以说，在设计过程中，草图是酝酿设计的初期阶段，绘制服装款式图与效果图时，会明确服装的材质、色彩、款式、结构、工艺、装饰等元素。需要注意的是，款式图的比例应精准，因为它是进行纸样设计的重要依据。

设计的拓展取决于系列中需要多少款单品或多少套服装，以及预算的多少。一位优秀的设计师能够设计出上百张具有多种变化的设计图纸，然后筛选出效果最佳的设计，并将它们推衍成最终的系列。这期间设计师需要明确系列设计的核心要素，使系列设计的风格与主题在视觉上形成统一。服装系列中，各套服装既需要有自己的亮点表现，又要统一于整个系列之中。

四、服装制作

（一）纸样

纸样是指根据设计图和人体结构，将立体的服装拆解成多个平面化的表现方式。纸样可通过平面裁剪和立体裁剪的方式获得。平面裁剪是指依据人体，对其相关部位进行尺寸测量、公式计算或原型推算、分割处理等方式，而获得纸样模型的工艺制作技术。平面纸样的绘制是一个精确的制图过程，它需要精密的测量、比例运用以及对三维效果的想象。此外，也可以根据测量值，利用计算机软件绘制纸样。平面裁剪技术具有很强的理论性和可操作性，不仅适用于设计初学者，而且对于一些西服、夹克、衬衫以及职业装等定型产品而言，平面裁剪技术是生产效率相对较高的技术。

立体裁剪是一种直接将布料覆盖在人台或人体上，通过分割、折叠、抽缩、拉展等技术手法，制成预先构思好的服装造型，然后从人台或人体上取下布样，再在平台上进行修正并转换成服装纸样，以此制成服装。立体裁剪具有较高的适体性和灵活性。在立体裁剪的过程中，可以直接对设计图纸进行二次设计，使设计得以完善（图1-41）。

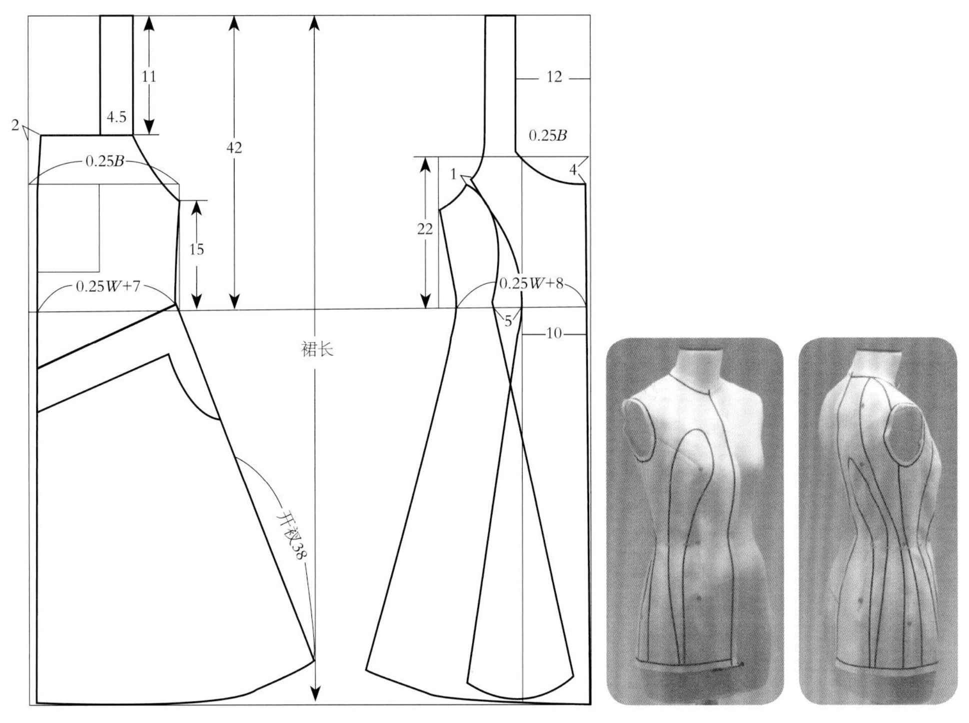

图1-41　平面裁剪与立体裁剪

（二）样衣制作

样衣制作一般选择采用白坯布或与成衣面料性能类似的替代面料。白坯布是比较廉价的材料，而且没有色彩与图案的干扰，设计师可以将重心放在服装板型上。设计师应及时修正服装款式、结构，然后假缝完成坯布样衣。制作坯布样衣可以检验服装板型是否合适。如若不合适，可以标记需要修改之处，再展开成平面，按新的标记修正裁片，最终确定纸样。

（三）试装调整

通过在模特或人台上试穿样衣，检查穿着效果是否与设计效果图一致，检验款式、结构是否符合人体结构与活动。由于此前采用假缝，因此，可以快速拆开衣片，并利用水笔或划粉进行标记修正，反复循环，直至达到理想效果，再将它们还原成纸样。

当坯布样衣的效果达到理想状态，便可以采用服装面料进行裁剪与缝制。通常需要对面料进行预处理。例如，预缩水处理、熨烫检验、表面肌理处理等，为了最大限度地使用面料，应做到排料合理。一方面，裁片要准确；另一方面，要避免浪费。对于可能需要再次修正之处，要放足缝份，因为面料本身的厚度、性能，可能与白坯布差别较大。完成以上步骤之后，可以采用最终的面料来制作服装，制作环节主要有排料、裁剪衣片、准备辅料、机缝、整烫、试衣修正等。

02

第二章

服装的廓型

教学内容：服装轮廓与廓型的演变；服装廓型的分类与变化；服装廓型的设计要素与设计方法。

单元学时：12学时（理论4学时/实训8学时）。

实训目的：了解服装廓型的变化历程；了解廓型的分类与变化规律；掌握影响服装廓型的设计要素与廓型设计方法。

实训内容：1. 掌握服装廓型的分类及表达方式。

2. 加强学生对服装廓型的理解以及常用服装廓型的运用。

思政元素：提升学生对不同文化的认识，帮助学生更好地了解中国与其他国家的文化差异，促使学生更好地把握各种文化在设计上的运用。

第一节 服装轮廓与廓型的演变

一、服装廓型的含义

廓型（Silhouette），字面意思为剪影、轮廓。在服装设计领域，服装廓型指服装的外部造型线，也称轮廓线。它是根据人们的审美理想，通过服装材料与人体的结合，以及一定的造型设计和工艺操作而形成的一种外轮廓体积状态。服装廓型体现了服装的结构、风格及款式特征，包含整个着装的姿态、造型、气氛和风格等（图2-1）。

图2-1 服装外部轮廓线

对于物体的外部边界，人们通过感官可以毫不费劲地把握。服装具有直观的形象，其剪影般的外部轮廓特征会快速进入视线，给人留下深刻的总体印象。服装轮廓带给人们的视觉冲击力往往大于服装的局部细节，它决定了服装造型的总体形态。因此，服装廓型是服装造型设计的重要组成部分，影响着服装款式的设计。

服装廓型是设计师表达设计理念、塑造服装风格、表现服装美感、体现流行时尚的重要因素。服装的廓型就像是服装的整个框架，在一定程度上能够呈现服装造型的特点和风格。时装流行最鲜明的特点之一就是服装廓型的改变（图2-2）。历史上，每个时期的代表性轮廓都形象且真实地反映了当时的流行特征和趋势。例如，19世纪末20世纪初盛行的S型，20世纪20年代的H型、50年代的X型、60年代的酒杯型等。可见，廓型设计是服装造型最简化、最明晰的标志性特征。流行的预测也是从服装廓型的预测开始的，设计师可以从服装廓型线的更迭变化中，分析服装发展演变的规律。由此可见，服装廓型对于服装设计而言，至关重要。

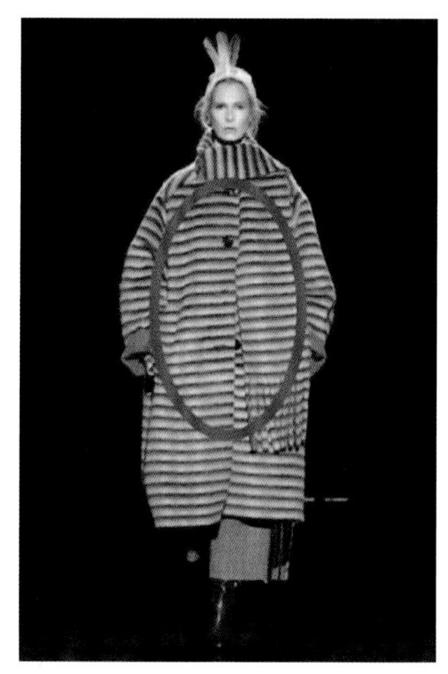

图2-2 流行与廓型

现代服装设计师们开始从二维平面向三维立体的方向发展，着重于服装立体廓型的塑造。设计师可以对廓型的设计原理进行分析，探讨不同服装廓型的造型手法，从而有助于对廓型内在因素的把握，提高服装廓型设计的效率及创新。

二、服装廓型的演变

服装廓型的演变蕴含着深厚的社会内容和时代气息，它是流行时尚的缩影，直接将不同时期的服装风格和特点展现出来。若从20世纪初期开始，以十年作为一个周期划分，显然可以通过服装廓型的演变窥探到当时的流行时尚变化。

20世纪初，女装廓型表现为S型或沙漏型。尽管当时已经摒弃了裙撑，但是如果女性臀部曲线不够明显，她们仍然会选择臀垫作为支撑，而且，女性仍然受到紧身胸衣的束缚。直到1907年后，受到紧身胸衣压迫的S曲线才开始趋于缓和。20世纪10年代，随着女性社会经济独立意识的提高、人们生活方式的改变，设计师保罗·波烈废弃了紧身胸衣，一扫过去流行的S廓型，把妇女们从紧身衣中解救出来。受东方文化的影响，波烈创造出不少作品，尤其是他设计的长及脚踝的蹒跚裙（又称霍布尔裙），在当时极具影响力。在20世纪20年代，人们饱受战争之苦，女装廓型逐渐转变为直线型（图2-3）。裙子的腰线下降到胯骨处，长度也缩短到距离地面20厘米左右。战争导致男女比例严重失衡，越来越多的女性走向社会各阶层的工作岗位。女装开始变得宽松，胸部扁平，裙子的长度也越来越短，女装廓型表现为平胸、平臀、宽肩、低腰的H型，整体外观形似“管状”，香奈儿的“男孩风貌”成了新风尚。

图2-3　战后女装的改变

到20世纪30年代，服装廓型又开始强调窄肩、细腰的身体曲线，腰线回归至自然位置。20世纪40年代，服装廓型是军装外观，用厚厚的垫肩塑造出方形的肩部，但是在40年代战后的欧洲，服装也开始拂去压抑、灰暗的情调，迪奥的“新风貌”让人眼前一亮，成为时装的经典样式。他用较为硬挺的机织面料紧裹胸部，收紧腰线，裙子有两种款式，一种是包得紧紧的X型紧身裙，另一种则是稍宽松的A型百褶喇叭裙。袖子的长度通常到小臂中央，里面衬以长手套，这表达了女性在动荡的时局中渴望华丽的愿望，是女性服装的一次革新。“新风貌”具有独特的外轮廓线，再现了女性柔和的曲线美（图2-4）。

继“新风貌”之后，迪奥每年都推出新系列，每次推出的时装系列会根据轮廓而赋予其简单明了的主题词，如A型、H型、Y型、郁金香型等。他创造的这些廓型至今仍然影响着当代设计师的创作。自1948年后，迪奥相继发布了Z型（Zigzag）、翼型（Wing line），后

图2-4 迪奥的“新风貌”

者以“8”字造型为基础，通过不对称的领口装饰和裙部腰带来强调服装廓型（图2-5）。20世纪50年代初期，迪奥推出了垂直线型（Vertical line）、椭圆型（Oval line）、郁金香型（Tulip line）等，椭圆型的服装是腰身进一步被放松，而郁金香型的服装则是腰部收紧，胸部横向扩大，直接与袖子连接起来，肩线像拱门一样呈圆形，下身呈细长形，整体很像郁金香花茎的形状。1954年秋，迪奥推出的H型又称扁平型（Flat line），看上去与20世纪20年代的样式有些类似，但实则更为简练朴素，更强调女装的活动性。这也是时装界在廓型上的一次重大转变。1955年之后，迪奥又推出A型、Y型、箭型（Arrow line）、磁石型（Maganet line）、自由型（Liberty line）和纺锤型（Spindle line）等，这些廓型设计体现了迪奥纤细华丽的风格，并始终遵循着女性服装的传统审美标准。20世纪50年代的服装设计可以说是“形的时代”（图2-5）。

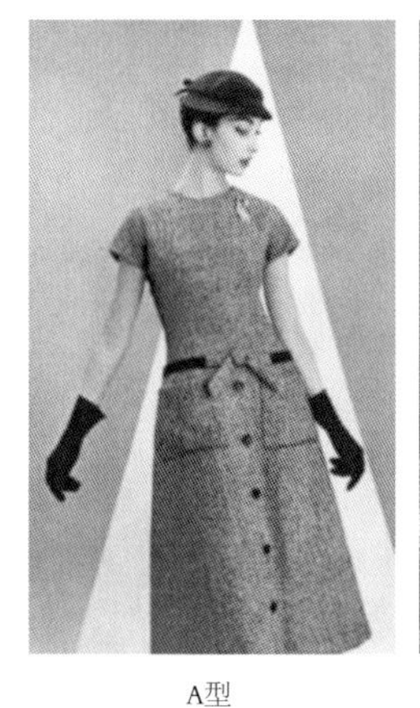
A型

H型

Y型

Z型

图2-5

翼型　垂直线型　椭圆型　箭型

磁石型　自由型　纺锤型

图2-5　服装不同廓型展示

20世纪60年代，一场年轻风潮开始兴起，出现了许多新的思想、新的艺术模式，欧普艺术、波普艺术、摇滚音乐、街头时装都产生在这个年代，多种服装廓型开始出现（图2-6）。这个时期的多种文化现象形成一股强大的潮流，掀开了服装史新的一页，A字廓型以及不同长度的衬衫裙、迷你裙成为时代流行。

在70年代，超短迷你裙、朋克风、热裤、牛仔裤、喇叭裤都成为时髦的主流。在高级时装方面，更加注重运用高档面料。伊夫·圣罗兰、巴黎世家的服饰（图2-7），依旧保持着正统的套服样式，但是裤子呈喇叭状，上装比较紧身，两者形成鲜明对比，整体线条呈现优美的A型风格。70年代同时流行大廓型的X型服饰和苗条型服饰，这种苗条型服饰也呈现出松软自然和修长的形象，它们之间显然互相影响。这种款式具有轻松潇洒、优雅自然的情调，受到普遍欢迎。大廓型服式一般在设计、制作、穿用上都具有方便简洁的特点，因此作为成衣在生产上也比其他服饰便利许多。秋冬季的时候还可以在里面添加厚质保暖的衣服，所以很多女性喜穿大型裙服而抛弃了长裤，大型裙服很受欢迎。80年代经济

图2-6 20世纪60年代多变的服装廓型

繁荣，女装廓型向大垫肩、军装式的宽肩、窄裙样式发展，这些样式一度风靡。

图2-7 巴黎世家的服饰与X型服饰

90年代，服装风格多变，人们的穿着也更加个性化，出现了许多天马行空的服装廓型。著名设计师亚历山大·麦昆常打破传统美学的框架，塑造出充满戏剧性的作品（图2-8）。他每年的时装秀都是对时装界新一轮的挑战与颠覆。卡尔·拉格斐的创作理念也对当代的时装界产生了深刻的影响，服装廓型的变化出现了更多的形式。20世纪，服装设计师们创造了许多新的服装廓型，让人们看到了时代流行的变化。

图2-8 亚历山大·麦昆作品

第二节　服装廓型的分类与变化

一、服装廓型的分类

人体是服装的穿着者，服装造型变化以人体为基准，服装廓型的变化离不开人体支撑服装的几个关键部位——肩、胸、腰、臀以及服装的下摆。服装廓型的变化主要针对这几个部位进行强调或掩盖，因其强调或掩盖的程度不同，形成了各种不同的廓型。虽然服装廓型在不同历史时期、不同社会文化背景下呈现出多种形态，但其内在规律仍然有迹可循。

根据廓型的不同形态通常有四种分类方法，按照字母命名，可分为A型、H型、O型、T型、X型等（图2-9）；按照几何造型命名，可分为椭圆型、三角型、梯型等；按照某些常见的专业术语命名，可分为宽松型、细长型、公主线型等；按照具体的象形事物命名，可分为郁金香型、酒瓶型、喇叭型等。

设计师不断迸发新的灵感和创意，通过设计形成不同形态的服装廓型。不同廓型都具有属于自己的造型特征和风格倾向，经过长期的设计实践，逐渐沉淀下来的服装廓型具有了大概的固定形式，且各有特色。常见的廓型主要有五种，分别是A型、H型、O型、T型和X型。

图2-9　字母型廓型

（一）A型

A型廓型是指肩部、胸部造型较窄，腋下逐渐变宽，如同阶梯形式的廓型，整体外轮廓近似于大写字母A，具有活泼、潇洒、流动感强的风格特征。

A型廓型在现代服装中被广泛地运用于大衣、连衣裙、礼服、演出服等设计。在服装上具体表现为上身收紧、下摆打开，稳定、庞大、女性化。A型是一种适度的上窄下宽的平直造型，它通过收缩肩部（不使用垫肩）或者腰部等贴合区域，夸大裙摆，从而造成一种上小下大的阶梯形式印象。在板型处理上，A型要做到贴合区域贴体，把松量转移到下摆（图2-10）。

图2-10 A型服装

（二）H型

H廓型是呈直线形外轮廓，因近似于大写英文字母H而得名。由于这种外轮廓也近似于矩形，因此H型也被称为矩形、箱型、筒型或布袋型，其造型特点是较强调肩部造型，自上而下不收紧腰部，筒形下摆。H型不强调胸部和腰部的曲线，肩部、腰部、臀部的围度基本一致，是一种平直廓型。

H型弱化了服装在肩、腰、臀部之间的宽度差异，带给人扁平、修长、简洁之感，具有严谨、庄重的男性化风格特征，在现代服装中常用于运动装、休闲装、居家服、男装等设计中。依据H型廓型的风格特征，其内部的造型线设计往往强调直线形，内外风格一致，相互呼应，把H型廓型的简约、庄重的中性化风格特征表达得准确到位（图2-11）。由于H型服装放松了服装的腰部，因而能掩饰腰部的臃肿感，总体穿着舒适、轻松。

（三）X型

X型廓型服装是指造型上夸张肩袖，腰部内收明显，衣摆较大，外观呈现英文字母X的服装。X型廓型是上身适体，腰部收紧，下部呈喇叭状舒展的外轮廓，强调胸、腰部线条，具有典型的浪漫主义风格与柔和优美的女性化风格特征，能很好地体现女性的优雅气质。该廓型常用于婚礼服、晚礼服、鸡尾酒礼服和高级时装中（图2-12）。X型的内部造型线设

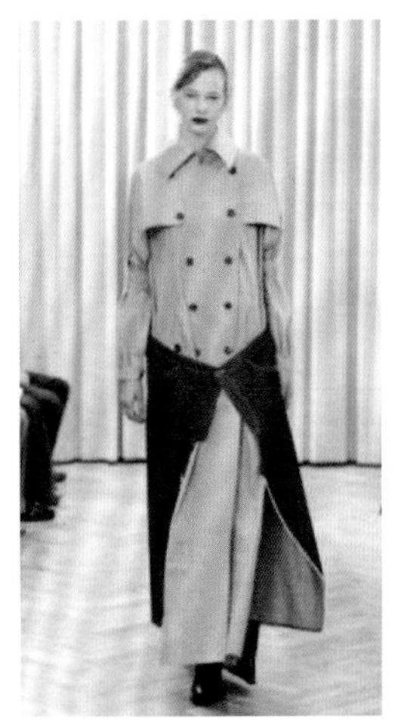

图2-11 H型服装

图2-12 X型服装

计往往强调曲线形，突出局部细节，如波浪状裙摆、夸张的荷叶边、轻松活泼的泡泡袖等，充分表现女性的优雅与浪漫。在X型廓型的服装中应避免运用直线形的结构，直线形结构往往会减弱或破坏整体造型的柔美感。

沙漏型是X型廓型的延伸，服装的胸、腰、臀、下摆收紧，服装线条更加贴合女性身体曲线，凸显女性身体特征，这种廓型通常被认为是最具女性味道的廓型。美人鱼型廓型和沙漏型廓型一样，都是X型廓型的延伸。从几何表现法来说，美人鱼型廓型是两个X竖向相拼而成。与沙漏型廓型一样，美人鱼型廓型凸显胸、腰、臀曲线，在膝盖处收紧，下摆像鱼尾似散开，这种廓型一般多运用于连衣裙或礼服的设计中。

（四）T型

T型廓型近似于倒梯形或倒三角形，其造型特点是上宽下窄的造型效果，肩部较宽，腰、臀和下摆内收，下面逐渐变窄，整体外形夸张、有力度与阳刚之气。大T型廓型主要是服装肩部加宽，线条明显，腰部收紧，下装常搭配紧身裤子或者铅笔裙，总体廓型呈倒梯形，可营造出干练的女性形象。服装款式主要以西服套装为主。小T型廓型同样强调肩部造型，但是以蝙蝠袖、泡泡袖等形式进行表现，一般与迷你裙或紧身裤搭配，使服装在总体外观上近似于英文字母T（图2-13）。

图2-13 T型服装

（五）O型

O型廓型也可称球型廓型或者圆型廓型，这种廓型给人以饱满、流畅、充实的感觉。O型包括茧型、上圆下直型、上直下圆型和上圆下圆型。茧型服装呈椭圆形，其造型特点是肩部、腰部以及下摆都没有明显的棱角，特别是腰部线条松弛，不收腰，整个外形比较饱满、圆润。上圆下直的服装廓型也可称为气球型，此廓型是用基本型进行组合而形成的新廓型，若用字母表示就是O型加H型，若用几何表示就是圆形加长方形。服装可以通过夸张领子、袖子来使上身呈现一种圆的形态，通过搭配下身的紧身裙或裤子来实现体积上的均衡。上直下圆型也是O型服装廓型的一种，与上圆下直型的廓型相反，这种服装的上身较为合体，下身呈现圆形的形态。若用字母表示就是H型加O型，若用几何表示就是长方形加圆形。这种廓型在20世纪50 年代曾用于鸡尾酒会服装而流行一时。上圆下圆型廓型服装较为宽松，借助腰带收紧腰部，使服装外观呈现出由两个圆形组成的外轮廓（图2-14）。

上圆下直型

上直下圆型

上圆下圆型

图2-14 O型服装轮廓

二、服装廓型的变化规律

事物的发展有一定的阶段性和周期性，都有其自身的发展规律和变化规律。廓型作为服装的构成要素，其阶段性和周期性决定了服装的款式变化。流行是循环往复的现象，一种流行的服装廓型被淘汰后，一段时间后又会出现大体相似的造型。这种流行方式是在原有廓型的基础上结合当下人们的审美，不断地变化或加强，形成循环往复的变化规律。这种规律无论是在服装廓型上，还是色彩搭配上，都具有鲜明的时代特征，总的来说，廓型的流行变化规律主要表现在以下几个方面。

（一）造型风格的变化

在服装廓型的变化规律中，造型风格的主要表现是简约风格和繁复风格的变换，它的变化方式主要有三种：第一种是简约风格的发展；第二种是繁复风格的发展（图2-15）；第三种是简约风格与繁复风格并行。简约与繁复的廓型设计可以同一时期出现在同一地域，甚至出现在同一场秀场。简约风格的服装廓型通常比较修长、简约、宽松、舒适，不强调胸、腰、臀三围曲线，这类廓型结构线一般以直线为主；繁复风格的服装廓型比较多变，会通过不同的方式去改变廓型。简约与繁复的设计，不仅仅体现在造型、色彩和面料上，甚至表现在装饰工艺上。从服装发展的角度来看，没有哪一种风格可以永远主宰时尚潮流，服装的风格及其廓型是在不断变化着。

（二）搭配方式的改变

随着时代的变化，服装的穿搭方式也不断发生变化。例如，从造型的变化来看，服装的穿搭有着一直以来的层次和顺序习惯。当这一习惯被打破时，服装的搭配形式也发生改变。

图2-15 简约与繁复的对比

自古以来，人们穿衣有着从内至外的穿着顺序，当这一顺序改变时，内层服装会成为上一层甚至新的外层服装，如内衣外穿的表现形式。这种穿搭方式的改变会造成服装廓型的变化，使整体服装廓型产生不同的层次变化（图2-16）。这种搭配方式的改变，使内衣和外衣穿着顺序不再亘古不变，让服装的廓型变得更为丰富多样，也形成了另外一种视觉观感。

图2-16 内衣外穿

（三）功能设计的需求

现如今，服装设计日益呈现出多元化的发展趋势，功能设计也是时尚界关注的主题，服装设计越来越重视其功能性。服装的功能与生活方式密切相关，是为满足人们的需求而开发出来的。当现有的生活内容发生改变时，原本的服装造型可能随之改变；当新的生活内容产生时，服装造型也可能发生新的变化。

人、服装与环境三者相互依存，设计的本质是：以人为本，人与自然的和谐相处。社会的发展进步，促使人们对环境气候、生活品质等有更高的要求。服装的功能设计对廓型的影响主要表现在服装结构、面辅料等方面。服装结构与人体的外表、比例、骨骼、动态特征等人体工学密不可分；服装面料、辅料等材质的运用与服装功能以及服装造型也息息相关。未来随着科技的发展与数字技术的广泛运用，服装的功能设计内容将越来越丰富，其通过与造型设计、现代工艺等完美结合来实现设计效果，迎合时代需要。其中，服装功能设计中传统与现代的结合，是我们创新设计的探索与源泉。

服装廓型的变化与流行一样，有着一定的规律可循。服装的流行经由时尚中心发布，并对服装行业形成引导，从而产生新的服装廓型。因此，跟随流行的变化，不同的廓型也将随之出现。服装廓型的流行随着时间的推移，会经历产生、发展、高潮、衰亡的阶段。

第三节 服装廓型的设计要素与设计方法

一、影响服装廓型的设计要素

（一）审美理想对服装廓型的影响

服装廓型的变化，是被生活在某一时期的人们共同追求的审美理想所驾驭的。当然，审美理想的形成受多种因素的影响，只有达到或接近这种美的理想，才会受到世人的认可、称赞和羡慕。

历史上，为了实现理想的体型，人们不惜对自己的身体进行摧残，以满足审美理想的需要。审美理想使紧身胸衣在西方服装发展史上占据重要位置，这是一个非常典型的例子。16世纪，人们欣赏的体型是非自然的细长腰身。为了达到紧身细腰的外轮廓，女人们将自己束缚在由木条、鲸鱼骨、金属等制成的、对身体有严重摧残作用的框架中。17~18世纪的紧身胸衣要相对自然一些，但到了19世纪，贵妇们为了显示尊贵和豪华，对服装的整体造型进行了改造，紧身胸衣极为盛行，以此对自然身体线条重新造型，紧身胸衣变为有史以来最僵硬、最痛苦的内衣。尽管医生们一再强调姑娘们不要将自己塞入狭窄的紧身胸衣中，以防损伤她们的骨架和肺部，但鲜有人理会（图2-17）。

到了20世纪初，直线造型的紧身胸衣问世，医学界极力推荐这种胸衣，但当时的社会审美仍推崇细腰的女子。随着紧身胸衣上部边缘从乳房中部挪至乳房下，这几厘米的改动非常关键，乳房从此彻底地从紧身胸衣的压迫中解放出来，呼吸也不再受压迫（图2-18）。

20世纪中叶，当第二次世界大战的硝烟散去，人们从战争的阴影中逐渐走出。迪奥公司推出了新造型女装，其花瓣般的外轮廓造型，使人们重温久违了的、优美的女性曲线。这正好适应了当时人们向往美好、渴求美好的审美理想，为“二战”后的欧洲拂去了灰暗和阴郁，带来了光明和希望。

服装廓型的审美，随着人们对人体某一部位兴奋程度的变化而变化。这种对人体区域审美的变化和转移，对服装廓型产生了巨大的影响，并且形成了不同时期、不同民族的服装外轮廓造型。

人体审美区域的变化，还表现在不同时期人们对同一身体部位不同的审美体验。就身体的某一部位而言，不同时期的人们会根据当时的审美标准，不断地进行合乎理想的改造。

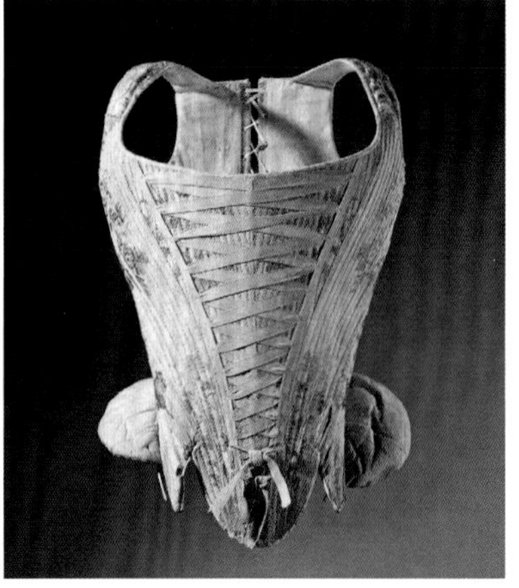

图2-17 紧身胸衣

图2-18 胸罩内衣的兴起

胸部造型通常是人们关注的焦点，它在女性服装外轮廓造型上起着很重要的作用。20世纪20年代，女性开始参与到社会工作生活之中，她们希望与男性具有同样的社会地位，在此期间，平胸、松腰、束臀是其常见的外观。

20世纪50年代，女性的曲线美得到了广泛的赞美，胸部线条得到了强化。60 年代，年轻化风格盛行，人们又希望淡化胸部曲线。到了80年代，自然的胸部曲线是健康、活力的象征。90年代，修长、凹凸有致的体型又是人们的梦想。人们总是按照自己的审美，通过服装和身体塑造着理想的外轮廓。

由于文化传统不同，人们对服装廓型的审美要求也不同。中华民族的传统服饰，由于受到中国的审美价值、道德规范的影响，其造型基本上是平面的。无论是秦汉的深衣，还是魏晋南北朝的宽衣博带，乃至唐宋时期的袍服，都是含蓄而内敛，大气而舒展，其式样多为宽松造型，廓型变化跨度不大，极好地体现了穿衣层次，尽显东方服饰美感（图2-19）。几千年来，中国的优秀传统手工技艺在服装中表现得淋漓尽致。人们以绚丽多彩的颜色、精美绝伦的图案装饰和细致入微的制作工艺来体现自己的审美。

图2-19 中国古代的服饰

相反，欧洲文艺复兴以后，服装的廓型极端而激进，伟岸的男士形象受到人们的欢迎。男装通过填充面料来加宽上体、减弱下肢，这种外轮廓造型使男人个个显得过于魁伟和夸张。柔美、纤弱、秀丽则被认为是当时女性美的特征，因而，那时的女子紧箍胸腰，撑大裙摆。这种至刚至柔的服装廓型，一直延续了好几个世纪，甚至发展到了畸形的状态，最后不得不被取代。

（二）服装功能对服装廓型的影响

服装廓型的每一次变化，都是服装功能在比例上的调整。不同时期、不同环境、不同社会状况，使服装功能的侧重点也有所不同，因而服装廓型美感也各不相同。

20世纪80年代，相当多的女性已经和男性公民一样，参与社会工作，面临着激烈的竞争。女性希望通过服装使自己具有同男性一样坚强、智慧的力量，以争取平等竞争的机会。此时，女装廓型开始趋向挺拔、伟岸，充满男性特征的T型轮廓服装在当时非常流行。当女性不再需要证明自己和男性一样坚强时，以柔克刚又成了女性的选择。因而，进入90年代，充满女性柔美曲线的修长廓型服装取代了充满阳刚气的T型服装。

尽管20世纪服装廓型变化丰富，但这种变化却一直受流行影响，且围绕着功能与审美的主题进行。事实说明，服装的功能同服装的审美同样重要，美化人体是服装造型的目的，服装造型是美化人体的手段。人们总是以服装的功能为根本来创造外轮廓的美感。

服装廓型是服装形象变化的根本，人们总是在不断创造新的形象，创造新的廓型，只有准确把握人体运动规律，理解和掌握人体结构及其不同着装的功能需求，才能创造出优美、合理、具有时代感的服装廓型。

（三）人体结构对服装廓型的影响

无论款式怎么变化，始终有一个原则不会动摇，那就是服装设计不能摆脱人的自身身体的范畴，服装廓型的设计必须以人为本。通常服装外轮廓线是由肩线、胸围线、腰围线、服装下摆线等几个部分控制，它们之间大小、宽窄的变化会产生各种风格迥异的服装廓型。

许多礼服在设计的时候都加了裙撑，使服装的外轮廓线并不贴紧臀部，给人的错觉是臀围线在外轮廓线中并不重要。可实际上裙撑是通过腰围和臀围差起到固定、支撑的作用，而且在现在的成衣款式设计当中，大多数情况下，臀围线构成的支撑点直接决定成衣下装的宽度。人的肩、胸、腰、臀这几个部位都是直接构成廓型变化的关键部位。省道、褶裥、分割线、排扣、拉链及花边等内部结构造型设计是为合体、适体服务的。

服装廓型决定和影响着服装的风格，通过对肩、腰、臀和下摆等关键部位的处理，可以变化出各种服装廓型，因此服装的廓型是需要设计的，这也是为什么廓型可以成为服装设计重点的主要原因。

❶ 肩部廓型

在廓型设计中，肩部的宽窄对服装整体造型具有较大的影响，它直接决定了服装廓型顶部的宽度和形状（图2-20）。

图2-20 肩部设计

❷ 腰部廓型

腰部的造型在整个服装设计中有着举足轻重的地位，腰部变化极为丰富，根据位置高低可把腰部设计变化分为高腰、中腰和低腰设计。高腰设计使人显得修长柔美，低腰设计则给人以轻松随意的感觉。此外，收腰设计强调腰部的纤细，迪奥新风貌推出的X造型或者“8”字造型就是典型的收腰设计（图2-21）。

图2-21 腰部设计

❸ 臀部廓型

在服装廓型中，臀围线同样扮演着重要的角色，它具有自然、夸张等不同形式的变化。18世纪的巴洛克风格女装就是对女性臀部曲线的夸张（图2-22）。

图2-22 巴洛克时期臀部造型

（四）服装面料对服装廓型的影响

服装由面料构成，服装的款式也取决于面料的性能，所以服装的廓型也不能脱离面料的性能。面料的性能包罗万象，有轻重、厚薄、有无弹性等。服装面料是服装廓型构成的物质基础，也是构成服装设计的主要要素之一。设计之初，设计师就将面料选择与服装设计结合起来，当面料接近或者达到设计师的理想效果时，服装的廓型构想就诞生了。因此，面料选择和服装廓型密不可分。

在设计的过程中，若将相同造型的款式用不同质感的面料来表现，则会产生不同的外观效果。塑型性能好的面料，通常用来制作稳重、端庄、挺括的服装，如西服、套装、大衣等；柔软、蓬松等不好定型的织物，则通常用来制作柔软、飘逸的服装，如婚纱、礼服、裙装等。在款式设计相似的前提下，前者塑造出的是刚硬、沉重、厚实的外型，后者则给人以柔和、优美、飘逸的感觉。由此可见，不同的材料、织物的性能对廓型的影响非常大。

一般而言，如果面料较柔软，其悬垂性则较好；如果面料较挺括，其悬垂性则较差。另外，面料的悬垂性与其织物克重也有关系，通常克重较重的织物比克重较轻的织物悬垂性好。

❶ 轻薄型面料

轻薄型面料悬垂性好，造型线条顺滑，服装轮廓自然舒展。轻薄型面料主要包括织物结构疏散的针织面料、丝绸面料以及软薄的麻纱面料等（图2-23）。轻薄的针织面料在服装设计中常采用直线型的简练造型，体现人体优美曲线；丝绸、麻纱等面料则多见松散和有褶裥效果的造型，表现面料的流动感。

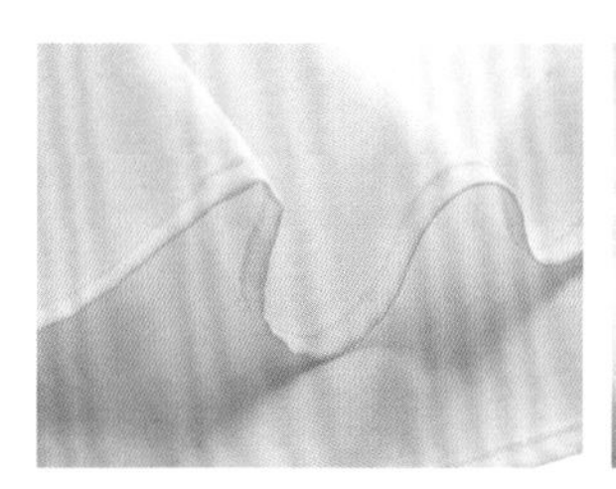 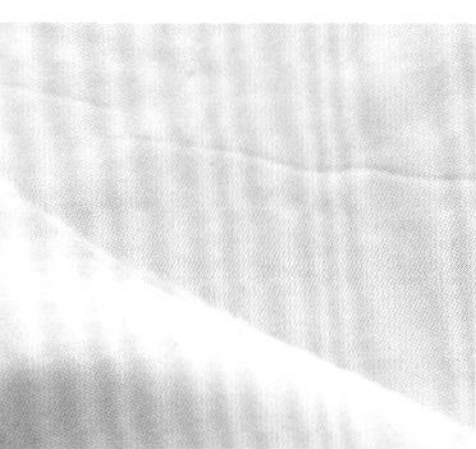 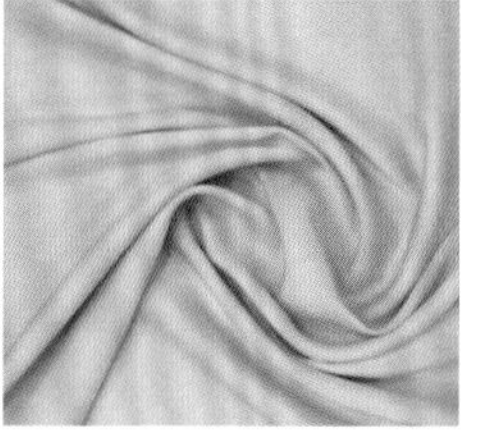 

图2-23 轻薄型面料

❷ 厚重型面料

厚重型面料厚实挺括，能产生稳定的造型效果。厚重型面料主要包括各类厚型呢绒和绗缝织物（图2-24）。这类面料具有扩张感，不宜过多采用褶裥和堆积，设计中以A型和H型廓型最为恰当。

图2-24 厚重型面料

（五）流行趋势对服装廓型的影响

服装的流行趋势引导着现代的服装设计，也决定着服装的生产和销售，甚至左右着整个服装行业的进程。所以在设计时必须紧跟流行趋势。服装的设计万变不离其宗，始终围绕服装的廓型、细节、色彩、面料、裁剪以及搭配方式等，再结合当时人们的价值观、消费能力、生活方式等。把握流行的特点，是设计服装廓型必须考虑的因素。

二、廓型的设计方法

（一）外部廓型结构设计

简单来说，外部廓型结构是指全套服装外部造型的大概轮廓，它给人的视觉冲击力是首当其冲的，与色彩相当，要高于服装的局部细节。外部廓型结构设计是对服装整体设计的简要概括，往往表现的是服装总体形象的基本特征。在不同的时期和社会文化背景下，服装的廓型也逐渐呈现出各种不同的形态，但是具有一定的规律性。服装的载体和主体是人，所以造型的变化一定是以人为主，根据人的身体部位进行设计。服装的廓型设计不断地变化，主要源于设计师对人体部位的不同程度的强调或掩盖，所以形成的廓型也各不相同。在设计服装的廓型时，可以采用单一的廓型，也可以采用多种廓型组合（图2-25）。

（二）内部线条组织设计

服装虽然只有一个外部廓型，但是内部线条组织设计却是多种多样。这主要是因为内部线条组织设计能够增加服装的功能性和装饰性，能够让服装满足消费者的穿着需求。而设计师自身的综合能力以及对流行服装信息的了解和掌握，都能从服装的内部线条组织设计中体现出来。与内部线条组织设计相比，服装外部廓型设计显得相对统一、固定。内部线条组织设计的多元性能够给设计师带来无穷的灵感和无限的想象，进而能够自由发挥创造。总而言之，服装的内部线条设计和外部廓型结构设计之间相互辅助、相互衬托。因此，服装的内外设计要一起考虑、相互协调，这样才能使服装从整体上满足消费者的需求（图2-26）。

图2-25 外部轮廓结构设计

图2-26 内部线条组织设计

（三）面料的选择与设计

面料本身的材质和特性对服装的廓型设计有着重要的影响。常规的面料，如果没有辅助材料的支撑，一般采取两种塑造廓型的方法。

一种方法是通过一些结构点或结构线的约束，利用面料的特性和材质实现塑造廓型的目的；另一种方法是对面料进行立体造型，折叠、抽缩或者扭转等，以此形成空间上的体积感，进而实现塑造廓型的目的。对于一些可塑性极强的新型面料，薄薄一层面料就可以塑造出非常好的廓型，这种面料的出现使得创意服装开始普遍化，也使廓型设计变得更加巧妙（图2-27）。

图2-27 利用面料塑造廓型

（四）辅助式设计

辅助式设计一般指由辅料支撑，在需要造型的服装边缘或者重点部位通过鲸鱼骨、铁丝等硬挺辅料的帮助来达到造型效果。这类服装廓型往往较为夸张，在面料造型达不到要求的情况下，使用辅料来进行支撑。这些支撑物可以脱离服装本身，制作成可以随意拆卸的一种固定形态，将其穿着在服装里层以达到夸张的造型效果，通常用于礼服、婚纱、舞台服等体积较大、造型较为夸张的服装。

辅助式设计是指在一些边缘线条部位，通过一些硬挺的材料支撑，以达到造型的效果。在创意服装设计的过程中，在服装边缘线条处留下缝隙，以便于支撑物能够穿插过去，实现廓型的塑造。如上所述，这些支撑物可以脱离服装，还能制作形成一种稳固的形态，然后穿插在外层服装中，进而达到造型的效果。此类设计方法运用较广泛，这主要是因为操作简单，效果也明显，故经常被用于廓型比较夸张的创意服装中。

裙撑作为一种较为常见的辅料支撑，对服装的整体效果有着非常重要的影响。金属线、鲸鱼骨等也是一种辅助材料，在其较强的支撑作用下廓型会发生变化，而且定型的效果非常好。所以在设计过程中，可以根据实际情况，借助一些支撑材料，将创意服装的廓型设计得更加多元化，形态也可以随着辅助材料的变化而变化（图2-28）。

图2-28 辅助式设计

（五）工艺的设计

❶ 层叠式

层叠式造型主要是通过里衬的层层堆叠来加大体积感，从而实现服装的廓型。里料一般选择较为硬挺但是重量轻的轻薄材料，在支撑造型的同时又不会太沉重累赘。同时还可根据造型需要，灵活调整内层的层数与大小，用料越多外型越饱满圆滑。这种使用内层里布堆叠的方法塑造出来的廓型比较自然、生动（图2-29）。

图2-29 层叠式设计

❷ 填充式

填充式造型是将一些可以满足廓型需要的辅料填充在服装的面料和里衬之间。在填充物的选择上，必须挑选轻薄但体积感强的材料，如羽绒、棉花、柔软的轻纱等。填充物与服装是一个整体，比较典型的服装是我们冬天穿着的棉袄、羽绒服，该类造型的服装廓型非常饱满（图2-30）。

图2-30 填充式设计

（六）特殊廓型设计

通过改变服装的廓型能体现不同的服装风格。随着时代的发展，服装风格和表现手法日趋丰富，从而导致了服装廓型的多样性。

在设计构思的时候，不妨按照人体比例绘制一些基本的图形，如方形、长方形、圆形、三角形、椭圆形等，将这些几何形进行反复拼排，练习服装廓型的设计。在拼排过程中可以大胆设想，几何形不一定要依附于人体本身，但是要注意比例与尺度、节奏与韵律、均衡与对称等形式美法则的运用。如此，当对廓型有了基本理解后，就能从中组合、变形、衍生出众多的服装廓型，并由此产生新的视觉效果和新的情感内容（图2-31）。

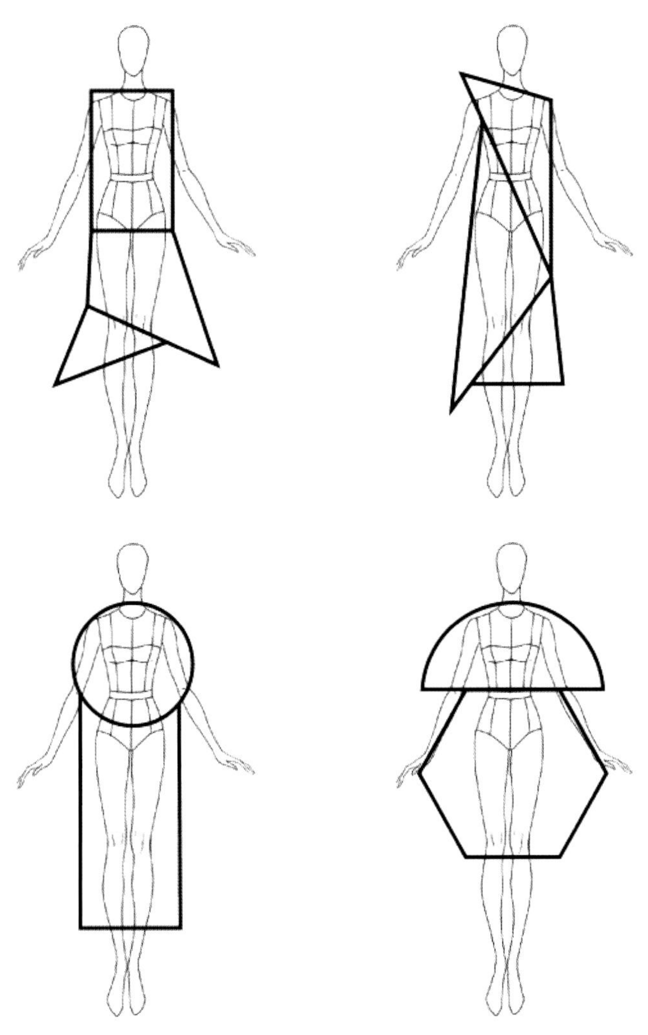

图2-31 特殊廓型设计训练

（七）多种廓型结合设计

❶ 相接法

相接法是将两个造型元素——廓型边缘相接但不交叉，从而产生两个廓型相互连接的组合廓型。在相接的方式中，相接的两个廓型处于同一空间平面，廓型与廓型各自独立、互不渗透，相接的部分只起连接作用，所以新的外轮廓仍保留了造型元素原有的形态。

❷ 结合法

结合法是指将两个不同或相同的廓型重合，在重合时产生透叠效果，在结合法中，两廓型互相渗透、互相影响，其中任一廓型都将保留部分轮廓。在服装廓型设计中，这也是一个经常使用的方法。

❸ 减缺法

减缺法是两个不同的服装廓型相互重叠时，将其中某些部分去掉，从而产生一个新的廓型。减缺法是一个与结合法相反的手法，结合法是保留两廓型重叠后投影效果的大轮廓。减缺法则是让一个廓型减去另一个廓型，从而得到新的廓型。

任何事物的变化都有其主观和客观的原因，即事物的内因与外因。服装廓型是服装美感的重要体现，影响其美感的因素有很多，包括人、服装的外部因素和内部因素。人是社会形态的主体，主宰着社会形态的变化，也受社会形态变化的制约。人对包括服装在内的日常生活提出新的主张和要求，促使其变化以适应新的需求。外部因素是指气候、政治、宗教、思潮、战争、科技等，这些因素可以引起服装廓型的变化。内部因素是指服装的结构、面料、辅料等。在进行服装廓型设计时，应当从人的外部因素与内部因素去考虑。

第三章

服装的部件

教学内容：服装部件与廓型的关系；部件的设计与案例。

单元学时：12学时（理论4学时 / 实训8学时）。

实训目的：了解服装部件与廓型的关系；掌握部件的概念、分类及设计手法；通过对服装细节设计的案例分析，掌握设计方法，培养创新意识；通过实训，加深对零部件设计的理解；通过常用服装部件设计方法的运用，提高学生的思维敏捷性和设计创作的效率。

实训内容：1. 单个零部件的设计练习；

2. 零部件在整体服装设计上的表现。

思政元素：服装设计应该符合真、善、美。

第一节　服装部件与廓型的关系

现如今，越来越多的服装设计师重视服装局部和细节的完美展现，强调创新与发展服装内部的结构设计，弱化外部轮廓造型的夸张。如增加服装内部结构的分割线、运用大量的花边或蕾丝作为辅助、使用各种面料再造手法等。

在进行服装内部细节设计的时候，服装的局部造型可以演变成服装外部廓型的一部分，如扩张的下摆、宽松的袖、突出的外口袋。有时设计师为了强调内部细节设计，突出服装细节与外部廓型之间的冲突，以一种逆向思维方式刻意打破相互间的和谐，着重夸张局部的结构设计，追求强烈的视觉对比，寻求新奇的效果，使设计作品具有强烈的冲击感。

一、局部轮廓的纵向修饰作用

女装局部轮廓的纵向修饰作用主要指通过服装局部轮廓的长度变化及对比，使着装者的身高或局部长度产生纵向拉长的视错觉效果。

（一）裙长对身高比例的视觉修饰作用

当服装横向轮廓不变时，裙长越长，越显得人体身材修长，越显高显瘦（图3-1）。

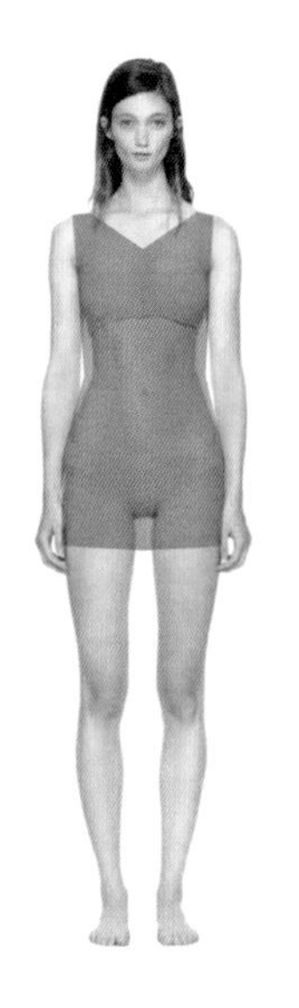
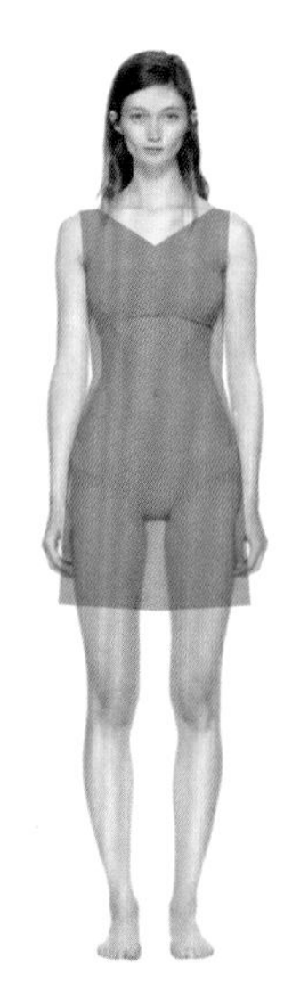
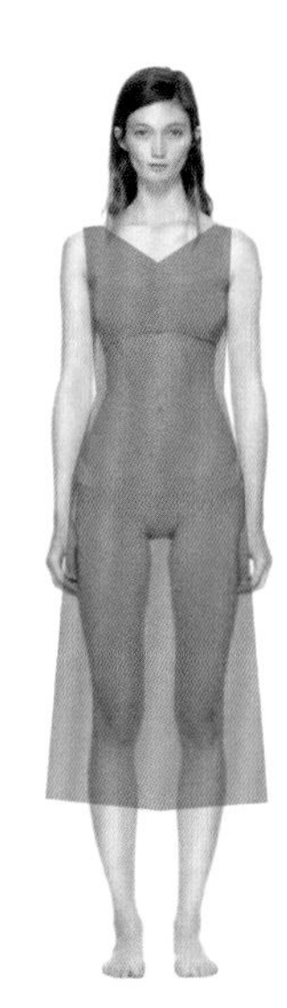

图3-1　裙长对身高比例的视觉修饰作用

（二）腰线对身高比例的视觉修饰作用

当服装纵向轮廓不变时，腰线越高，越显得上身短于下身，越显得人体身材修长，越显高显瘦（图3-2）。

（三）袖长对身高比例的视觉修饰作用

当服装纵向轮廓不变时，袖长越短，越显得人体身材修长，越显高显瘦（图3-3）。

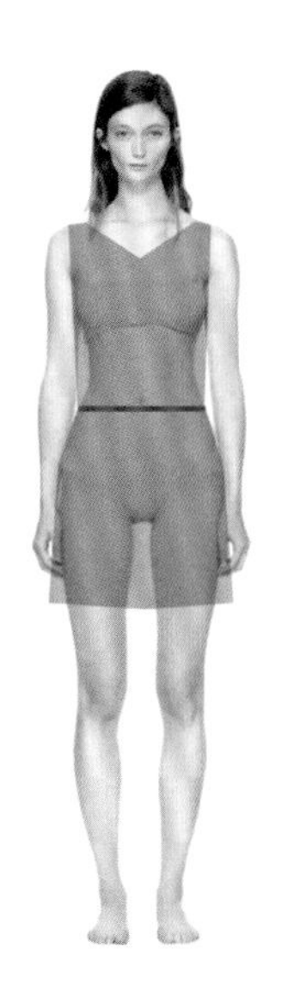 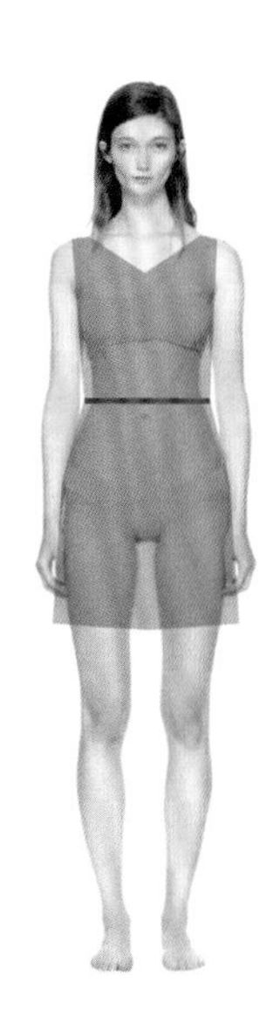 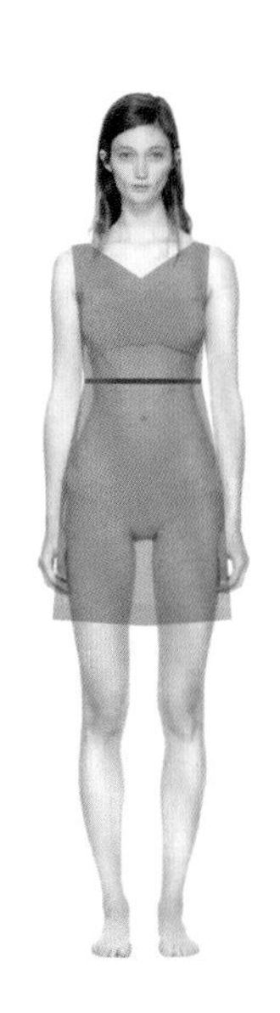

图3-2　腰线对身高比例的视觉修饰作用

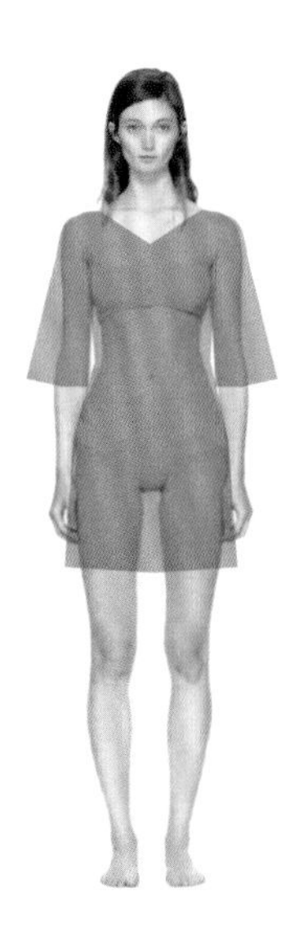 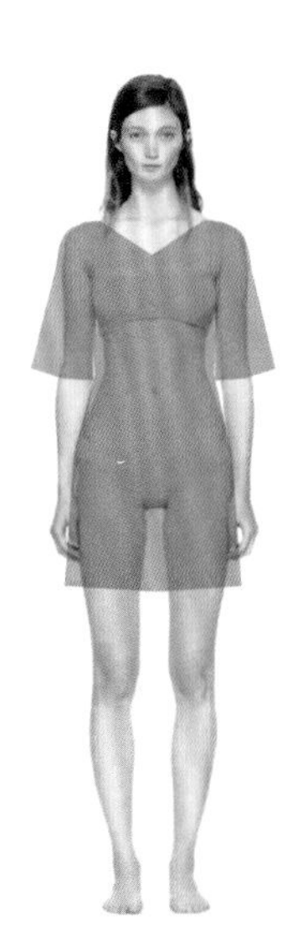 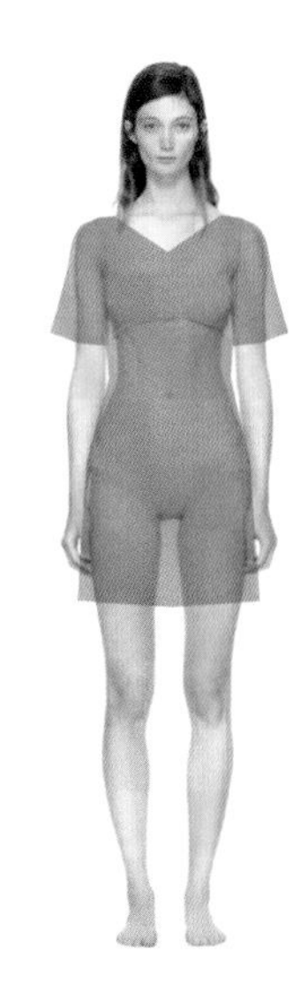

图3-3　袖长对身高比例的视觉修饰作用

二、局部轮廓的横向修饰作用

服装局部轮廓的横向修饰作用指通过局部轮廓的横向变化或调整对比，产生美化着装者三围比例的视错觉。

（一）肩宽对比例的视觉修饰作用

当服装纵向轮廓不变时，肩宽越短，越显得人体身材修长，越显高显瘦。反之则显得人体更丰满（图3-4）。

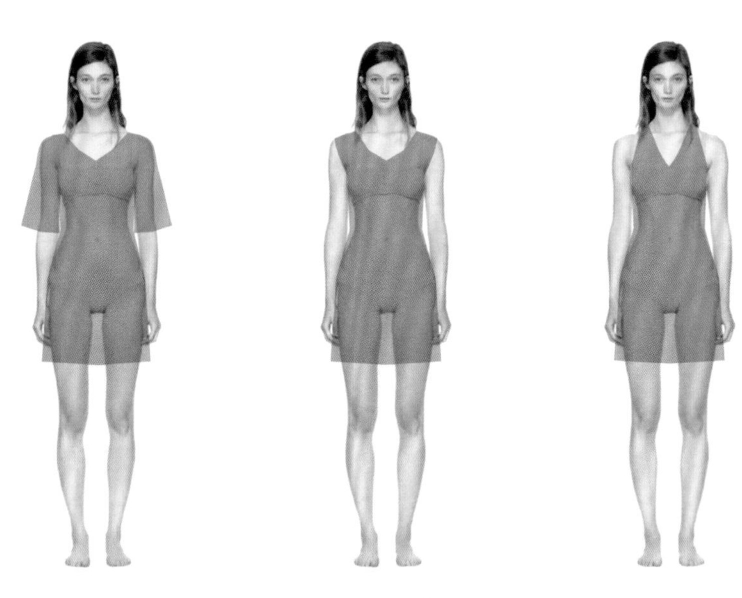

图3-4 肩宽对丰满比例的视觉修饰作用

（二）腰围对比例的视觉修饰作用

当服装纵向轮廓不变时，腰围越小，越显得人体身材修长，越显高显瘦。反之则显得人体更丰满（图3-5）。

（三）局部造型的视觉修饰作用

如图3-6所示，左边的两款服装，一款为吊带连衣裙，另一款为装袖连衣裙，受到袖子造型的影响，形成了A型廓型与T型廓型；右边的两款服装，相同款式相同袖长，但是因为袖子的外轮廓线的表现不同：左边的轮廓线圆顺，右边的轮廓线方直，形成了O型廓型与T型廓型。由此可见，服装横向修饰作用除了受服装轮廓宽度的影响，也受轮廓线条造型的影响。

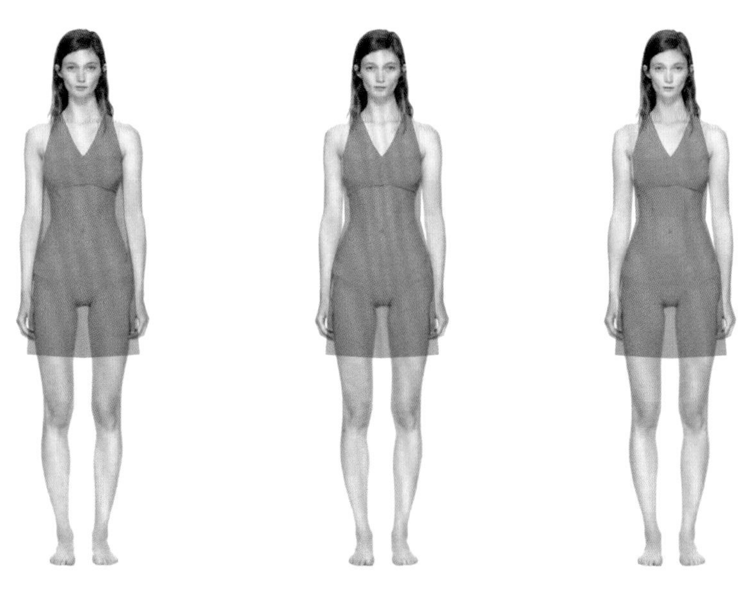

图3-5 腰围对丰满比例的视觉修饰作用

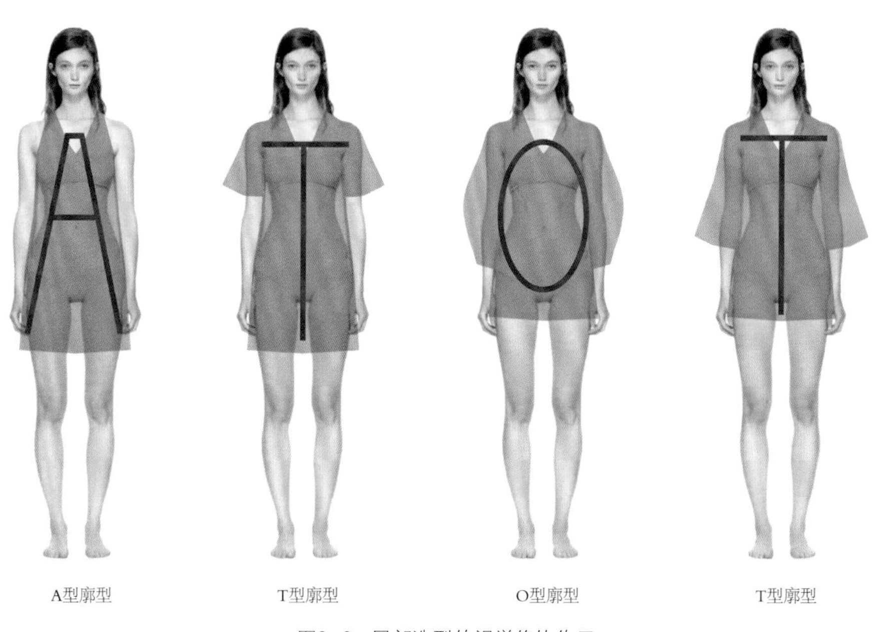

图3-6 局部造型的视觉修饰作用

三、秀场案例分析

肩部造型对服装廓型的形成能产生直接的影响。如图3-7、图3-8所示，若没有肩部的斗篷式造型，服装整体呈现H型廓型，由于斗篷式的褶饰外阔形态让肩部造型得到扩展，故服装整体形成T型廓型。

此外，如图3-9、图3-10所示，肩部采用钟型袖，拉宽肩部的横向造型，形成T型廓型，使穿着者更显干练稳健。

口袋及下摆造型对廓型的影响也非常直观。如图3-11、图3-12所示，上衣衣身整体呈现H廓型，但在下摆处增加了扩张式褶饰及口袋后，上衣呈现X型廓型，这种造型设计不仅增大了下摆两个口袋的容量，还在视觉上产生了收腰显瘦的视觉效果。

如图3-13、图3-14所示，可以强调下摆造型对廓型的影响作用，使服装整体呈现A型廓型，手帕式下摆形成裙摆状的A型廓型。造型整体上轻下重，更显成熟稳重。

图3-7 T型廓型服装

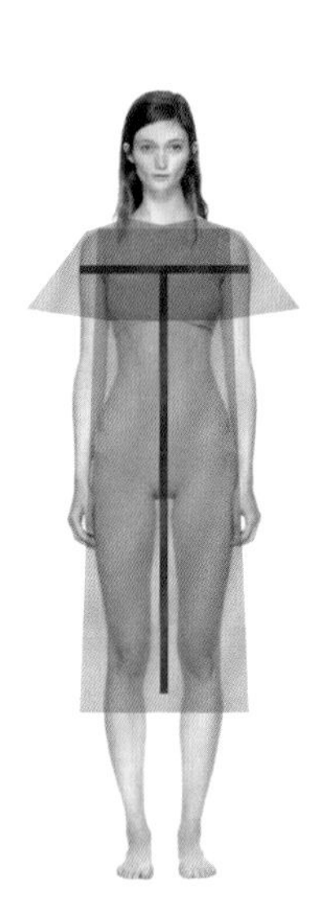
图3-8 T型廓型

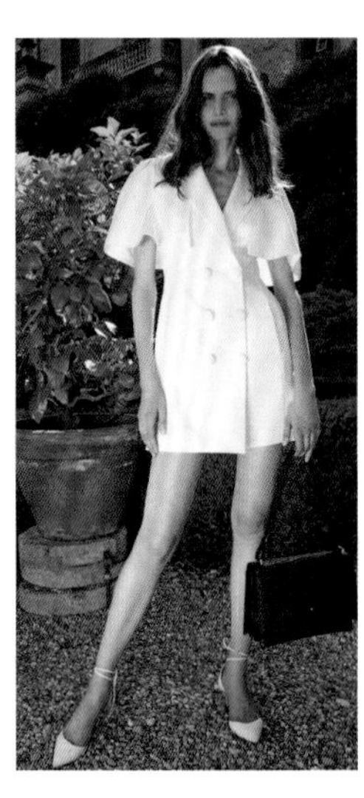
图3-9 T型廓型服装

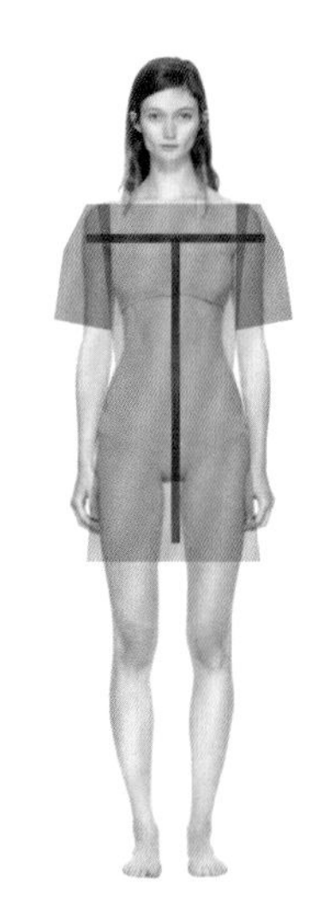
图3-10 T型廓型

图3-11 X型廓型服装

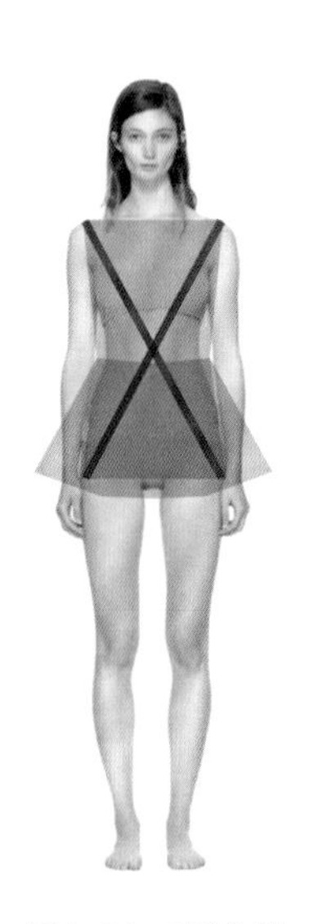
图3-12 X型廓型

图3-13 A型廓型服装

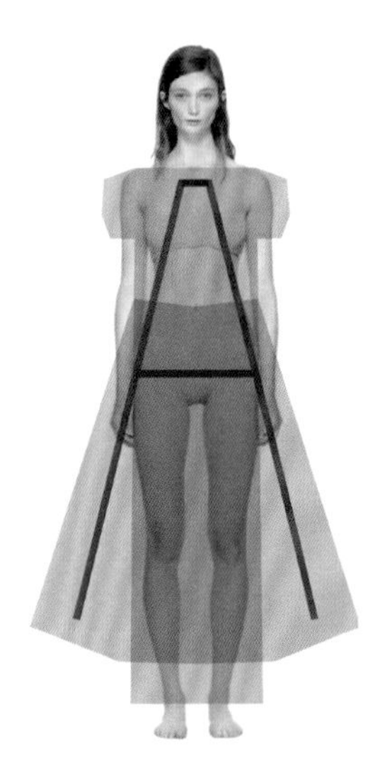
图3-14 A型廓型

第二节 部件的设计与案例

一、衣领

衣领是服装中至关重要的一个部位，式样繁多，极富变化。服装款式可以弥补个人身材不足，其中领口可以有效弥补穿着者的脸型、脖颈、前胸以及肩部的不足。大多数领口的设计要服从于整体设计，但在某些情况下也可以成为服装的主要焦点。领子对领口部位的装饰性、补充性和强调性是服装设计师需要考虑的重要因素。

衣领可以诠释设计者的灵感来源。衣领包括领口（领圈）与领子两个部分，其构成主要包括领口、领座、翻折线、领轮廓线以及领尖。一款领子的造型决定于它所连接的领口。不同历史时期，甚至每十年的时尚变化，都可以从领子造型中感受到。例如，一提起拉夫领就让人立刻想到伊丽莎白时代的英国，而超大的尖角翻领和驳领让人想到20世纪70年代的服装。

衣领的类型有很多，一般分为有领和无领，而有领又分为立领、翻领、平领和驳领。除此之外，还有创意领型。

（一）衣领的分类

❶ 无领

（1）V领：经典领型，适用于大多数面料，常应用在外套、毛衣、T恤、贴身衣等服装上，给人以轻便感。

（2）镶补领：是V领的一种变化款式，它既有深V的领型，又保持了质朴的感觉。

（3）低领：领口挖深，领型比较性感。

（4）鸡心领：是较有女人味的设计，很好地强调了胸部造型。它采用上部圆弧状、下部尖的造型。

（5）方领：是一种流行的、常用的领型，可用于各种面料。

（6）U型领：是方领的变化款式，简单的线条适合于大多数人。

（7）圆领：简洁是其主要特点，这款经典的领型历经时间的考验，适用于机织物和弹性面料。

（8）船领：略弯的领型露出了一点肩部，给人高雅端庄之感。

（9）信封领：简洁的领型，横穿肩部。

（10）一字领：领子造型是一条直线，其裁剪直接穿过肩部，落于锁骨上。

（11）勺型领：一条弯曲很大的曲线穿过脖颈，深至胸部。

（12）马蹄领：大开领，低至胸部，突出了前胸和脖子。

（13）钥匙孔圆领：是一种休闲款式的领型，适用于运动装和休闲装。

（14）抽带领：通常用于非正式场合服装和运动装，设计风格轻松，适用于机织物和弹性面料。

（15）荷叶领：是一种常用的漂亮领型，常见于针织服装，也适用于机织服装。荷叶的大小和密度变化能够产生多种变化款式和不同效果。

（16）垂褶领：领口外围绕的多余面料形成了奇妙的垂褶领，它是晚礼服的理想款式，既不暴露又很性感。

（17）漏斗领：通过延长普通领口产生了一个高筒，领子在脖根处稍有堆积感。

（18）露背领：领口采用吊带绕过脖颈的设计，此领型在上衣和连衣裙中常见，也可用于泳装。深开的领型裸露双肩和后背，因此多适合春夏装的设计。

在进行无领设计时，应注意以下几点：领口位置高（领深浅），领口开宽并呈水平状，使人显得颈短、脸宽，所以此种领型更适合长脸型的人或脸部比较消瘦的人；领口位置低（领深深），领口相对窄小并呈下垂状，会从视觉上拉长人的脸部轮廓，因此这种领型更适用于颈短、脸圆和面部较丰满的人。同时，领口线的形状也对脸部具有较大的影响，例如，若领口线为弧线、曲线、水平直线或钝角斜线，能对偏长、偏尖的脸型起到弥补的作用；若领口线为锐角的斜线、方形的直线，则能对偏圆的脸型起到弥补作用。除此之外，领口还能体现着装者的个性和服装样式，小领口看起来年轻活泼，大领口充满高贵的气质，低领口看起来非常性感，小圆领口显示了一种不经意的质朴（图3-15）。

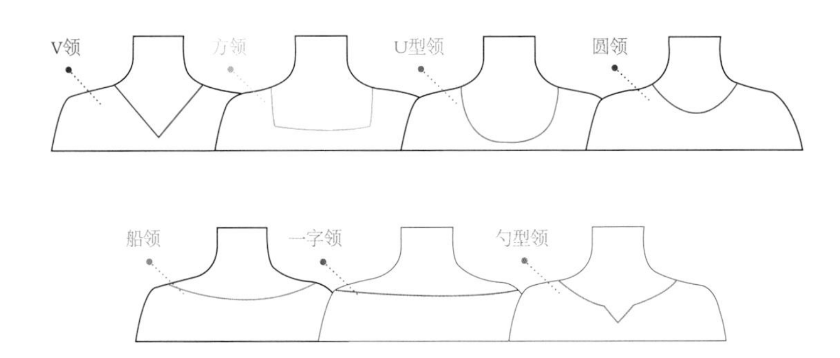

V领
镶补领
低领
鸡心领
方领
U型领
圆领
船领
信封领
一字领
勺型领
马蹄领
钥匙孔圆领
抽带领
荷叶领
垂褶领
漏斗领
露背领

图3-15 无领设计

❷ 有领

（1）立领：没有翻领，只有领座的领型，给人挺拔、庄重的感觉。领座造型可分为两类，一类为远离颈部的竖直式衣领，另一类为倾向颈部的倾斜式衣领。立领也有与衣片连裁的式样，也有柔和之感的派生式样，多用于旗袍、中式服装。

①绕颈立领：围绕脖颈一周，有一个开口。

②中式立领：最初来自中国传统服装领部样式。款式一般为前中开口，领角为圆形。

③亨利领：常用于棉针织物或机织物服装上，这种领子具有较浅的领座与带纽扣的半开襟。

④学生立领：单层的领立在领口上，没有翻折。

⑤水手圆领：简单的圆领，通常用弹性面料制作，以便穿脱。

在进行立领设计时，应注意以下几点：立领分直立式、内倾式、外倾式。内倾式立领与颈部的空间量小，我国传统服装多采用内倾式立领，其特点是严谨、典雅、含蓄，内倾式立领也可采用与衣片连裁的式样，造型简练别致。直立式立领的特点是干练、简洁、严谨，护士服、学生装多采用这种领型。外倾式立领的造型下小而上大，逐渐向外倾斜，夸张华丽（图3-16）。

图3-16　立领设计

（2）翻领：是一种领面向外翻的领型，有无领座和有领座两种。翻领的前领角是款式变化的重点，可设计成不同的形状。翻领的装饰手法多样，应用广泛，常用于衬衣、T恤、女性服装中。

①马球领：简洁的领型，前身开襟，开襟上有纽扣。

②衬衫领：流行又实用的领型，多见于机织服装中。

③翻折高领：通常用弹性面料制作，筒形领子允许服装套头穿着，突出修长、优雅的颈部。

在进行翻领设计时，应注意以下几点：翻领具有庄重、干练、成熟的特点，衬衫领、中山装领、风衣领都属此类。领面的宽窄长短、领角的造型及装饰都是翻领款式变化的重点（图3-17）。

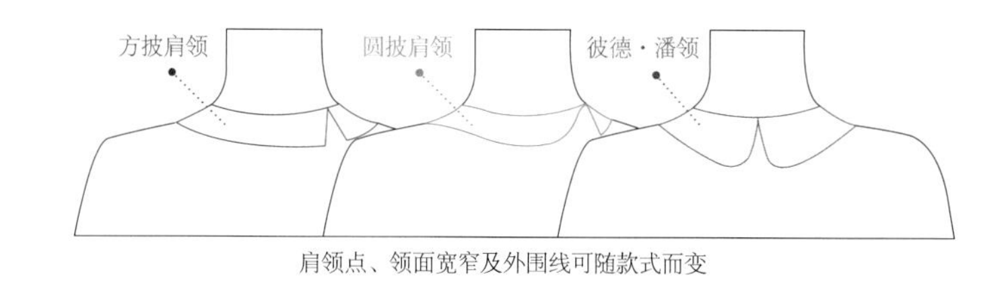

图3-17 翻领设计

（3）平领：是平展贴肩的领型，一般领座不高于1厘米，坦领的领圈可根据不同款式的需要略做调整。其领轮廓线与领角可按款式要求灵活选择。平领造型线条看上去舒展而柔和，一般用于童装和女装（图3-18）。

①方披肩领：很深的方领，类似披肩。常用在简洁的圆领口上，形成有趣的造型对比。

②圆披肩领：如同披肩一样的领子，最好用机织物制作。

③兜帽领：常用于运动服和休闲装，能包覆头并与服装领口相连。

④彼德·潘领：常用于童装、女式衬衫和外套，领子风格有趣、年轻，领面扁平，小圆领角，无领座。

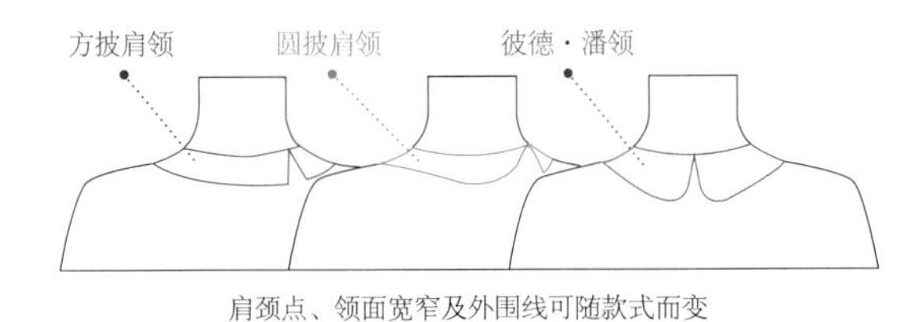

肩颈点、领面宽窄及外围线可随款式而变

方披肩领 圆披肩领 兜帽领 彼德·潘领

图3-18 平领设计

（4）驳领：是前门襟敞开呈V型的领型，它由领座、翻领、驳头三部分组成。根据领子和驳头的连接形式，驳领可分为平驳领、戗驳领与青果领。驳领一般给人干练、庄重、洒脱的感觉，受到人们的普遍喜爱，常用于西服、风衣、大衣等外套中（图3-19）。

驳领的设计变化由领深、领面宽窄、驳头造型、串口线的位置以及颈部帖服程度来决定。驳领的变化设计还可将领面和驳头连在一起，没有串口线，这种领型被称为连驳领，如青果领、燕尾领等。

①戗驳领：是流行款式，源于男装，常用于外套、夹克。随着季节更替，由此可变化出无数款式。

②青果领：常见于夹克、外套和针织服装，外观柔和，领子常连衣身裁剪。

③塔士多翻领：源于男装，外观很像青果领，它有着深V型领口和弧线领面。

图3-19 驳领设计

（5）创意领型：设计思路灵活，没有太多的框架限制，可以根据衣领的造型进行创意性变化设计，也可以从衣领与衣身、肩袖等之间的关系入手进行创意设计。

①飘带领：属于女性化的领型，主要特点在于领口有两条长飘带，打结成漂亮的蝴蝶结。

②褶饰领：非常女性化的款式，褶皱装饰的颈部十分优雅，褶皱上流动的曲线柔化了面孔（图3-20）。

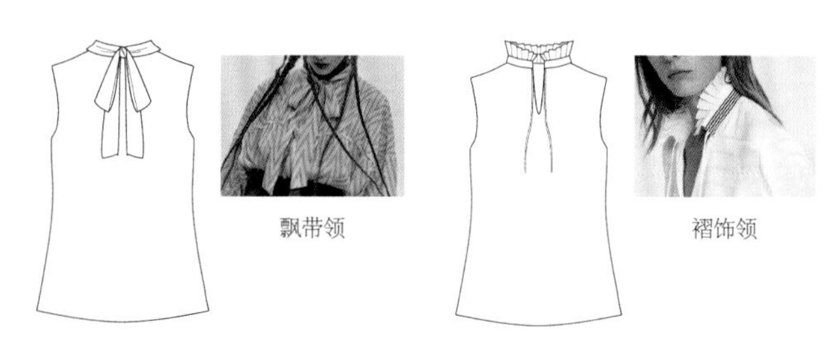

图3-20 创意领型设计

（二）衣领的创意设计

衣领的创意设计方法多种多样。如图3-21所示，第一款设计运用了后身衣片偏门襟不规则立领的形式，蕾丝面料搭配不规则裁剪立领更显典雅，后身开襟打破以往的前开门襟形式，偏门襟的设计不仅解决了立领的穿脱问题，不对称的设计更显风趣；第二款设计为V领领线，在V领的基础上运用叠加的手法，由最外层衣身不断往内叠加矩形衣片，由此增加了领部锯齿状递进的层次，面料选择纯色，干净的色彩使视觉焦点落在领部，更凸显领部的结构设计；第三款不对称的设计手法使得左边翻领保持在前中位置，右边翻领往后移到侧颈点位置，门襟整体也往右偏移，搭配一个蝴蝶结，使设计更加灵活大气。

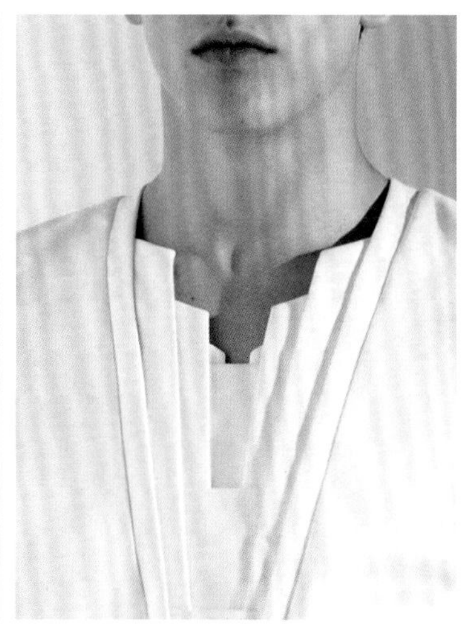

图3-21 衣领的创意设计（一）

如图3-22所示，该服装风格为凸显女性的成熟魅力，选择了轻柔飘逸的雪纺面料，领口选择深V领口，搭配左右大小区分明显的荷叶边，增加了领部的层次，衬托雪纺面料的灵动感。大方简洁的设计也更符合成熟女性的审美。

图3-22 衣领的创意设计（二）

二、袖子

袖子是上装设计的基本组成部分，有时甚至是设计好坏的决定因素。当袖子与服装其他部分相协调，它就成为整体设计的一个有机组成部分。袖子的造型千变万化，各具特色。袖型的分类方法较多，按袖片的数目多少可分为单片袖、两片袖、三片袖和多片袖；按装袖方法的不同可分为无袖、装袖、连肩袖、插肩袖；按袖子的形态特点可分为灯笼袖、喇叭袖、郁金香袖、钟型袖、羊腿袖等。以下按装袖方法分类进行介绍。

（一）袖子的分类

❶ 无袖

无袖的服装穿着随意舒适，设计时可在袖窿处进行装饰。常用在夏装和晚装设计中，这类袖型具有较强的个性美感，使穿着者看上去修长、苗条（图3-23）。

图3-23 无袖设计

❷ 装袖

装袖是服装设计中最流行的袖型，几乎适合所有款式和面料。装袖可用于直线式、卡腰式、半紧身式和扩展式等轮廓造型的服装。装袖分为合体袖和宽松袖两种。合体袖是一种比较适体的袖型，多采用两片袖的裁剪方式，适用于一些正式场合穿着的套装、礼服等，合体袖与手臂之间的空隙较小，着装者不宜做大幅度的动作；宽松袖又叫落肩袖，多采用一片袖的裁剪方式，穿着自然、宽松、舒适、大方，应用于休闲装、夹克、休闲衬衫等运动量大、休闲风格的服装中。总之，装袖既适用于正式场合又适用于休闲运动场合，用法非常多样（图3-24）。

（1）荷叶袖：有着俏皮的感觉，用悬垂性好的面料制作，如雪纺和绉纱，荷叶袖效果较好。

（2）灯笼袖：有着装袖的袖窿，并从上至下袖子逐渐变肥，袖口打褶收紧。

（3）束带袖：有一种浪漫的感觉，上臂的宽袖用束带或松紧带打褶收紧，下面的袖子垂散下来。

（4）喇叭袖：产生于19世纪后半叶，它的袖山部分与普通装袖相同，从袖山往下向袖口处越来越宽，并形成喇叭状。

（5）开衩袖：开衩袖及其各种变化款式曾流行于20世纪70年代。在简单的袖子加开衩设计，使袖口呈现喇叭状。

（6）羊腿袖：在袖山部位有着丰满的打褶和隆起，然后向袖口处越来越窄。羊腿袖使女人看起来强势、成熟、气质非凡。

（7）盖肩袖：在肩部最上端有一小片袖山，这种款式常用于气候温暖的夏季服装。

（8）泡泡袖：有着年轻化的外观，在童装、少女装中常见。泡泡袖的长度可长可短。

（9）郁金香袖：也叫花瓣袖，袖片交叉，如倒挂的花瓣，像花瓣一样漂亮优雅，这种袖型能很好地修饰手臂，烘托女性优雅迷人的气质，常用于高雅的女装设计中。

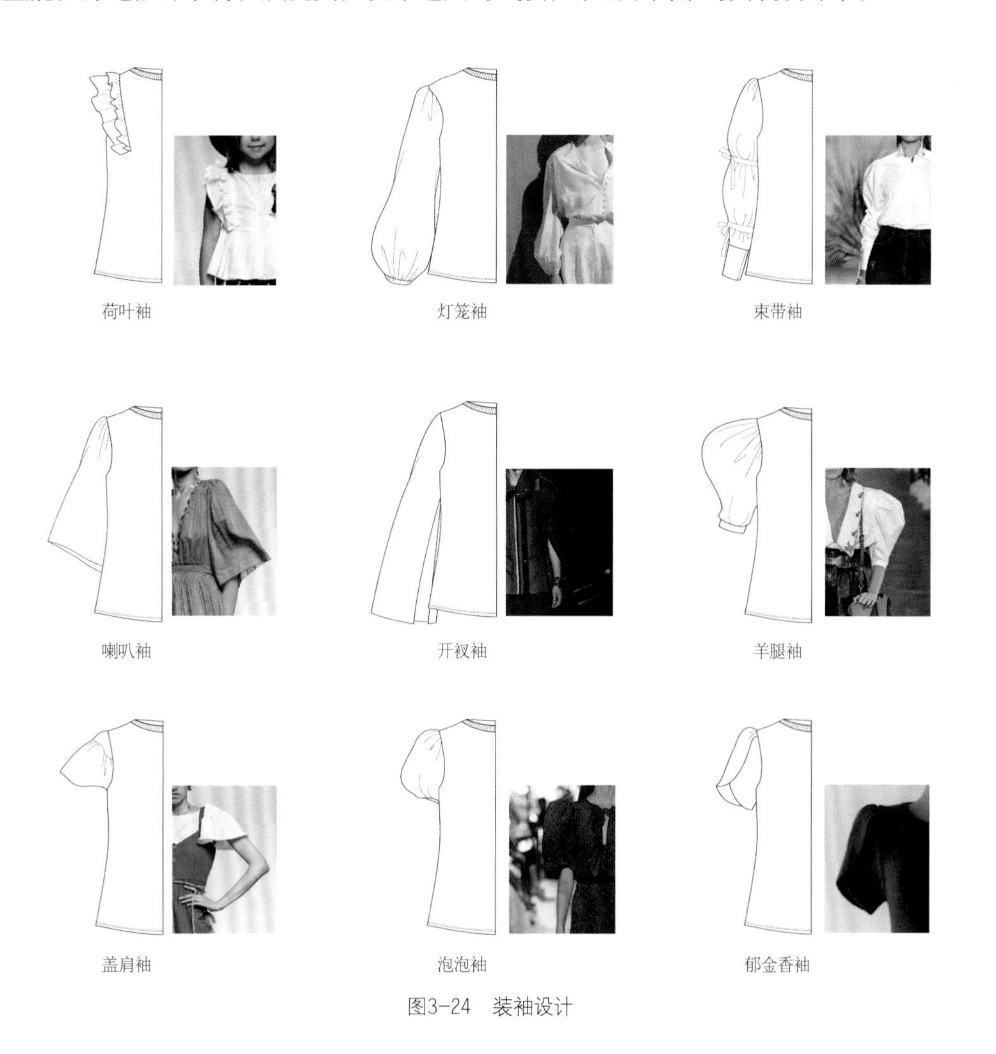

图3-24 装袖设计

❸ 连肩袖

连肩袖又称中式袖、和服袖。连肩袖使肩线看起来柔和、浑圆。这种袖是肩袖一体，呈平面形态的袖型，由于不存在分割线，因此衣袖下垂时会形成自然倾斜或圆顺的肩部造型。这种袖型常用于时装、中式服装、老年服装、家居服、海滩服、运动服和针织服装，具有宽松、方便、舒适、随意的特点。上衣的设计很少采用连肩袖，但短袖除外，因为它并不妨碍活动自由。具有和服特点的连肩袖设计在各种风格的时装中常被采用，它不存在生硬的结构线，能保持上衣良好的平整效果，体现东方民族传统服饰飘逸轻盈的特点（图3–25）。

❹ 插肩袖

插肩袖的服装肩部与袖子是相连的，整个肩部被袖子覆盖着。插肩袖适用于很多服装，如大衣、风衣、短外套、运动衣、连衣裙、短衫等。其袖窿开得较深，较适合自由宽博的服装。插肩袖的肩部与袖子相连，有时甚至连接到领圈线处。插肩袖的袖窿和袖身的结构线简洁流畅，造型宽松，令着装者行动方便自如。这种袖型具有流畅洒脱、方便舒适的特点，由于其随意的特点，自由松身型的服装使用插肩袖效果更佳（图3–26）。

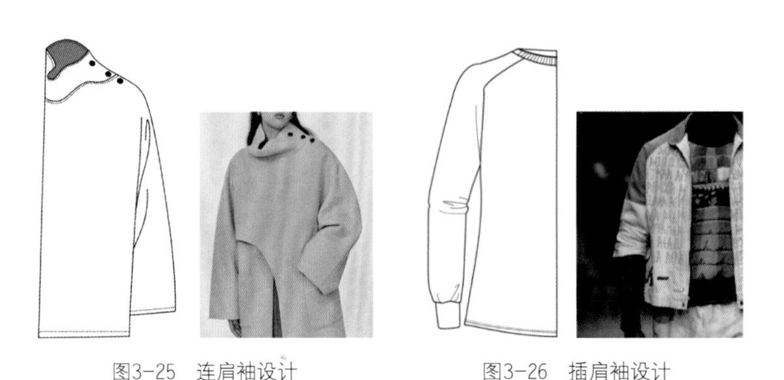

图3–25 连肩袖设计　　图3–26 插肩袖设计

（二）袖口的分类

（1）风衣袖口：是外衣的标志性细节，其款式来源于传统风衣，外观正式，有约束感。袖带的功能是紧固服装的手腕部位（图3–27）。

（2）绲边袖口：这种舒适休闲风格的袖口有一个永久性开口，并采用整洁的布边设计。

（3）带纽扣袖袢：这种袖口常见于外套和夹克，袖襻上带有纽扣，增加了袖口的正式感。

（4）松紧袖口：将一段松紧带夹缝于袖口边缘处，这种松度可调的袖口能够使手腕舒适。

（5）荷叶袖口：用悬垂性较好的面料制作漂亮、精致的荷叶边袖口，增添女人味。

（6）贴边袖口：具有极简主义的外观效果，适用于大多数面料。

（7）双组扣袖口：一款正式的袖口，袖开衩用两粒扣系合。双组扣袖口是衬衫和薄型夹克中非常流行的款式细节。

（8）单组扣袖口：在衬衫中很流行，通常在袖口背面有一个小开衩以便穿脱，并用一粒扣系合。

（9）袖开衩袖口：提供了一个便于穿脱的简单开口方式。

（10）衍缝袖口：袖口用环绕袖口的明线平行衍缝，获得时髦而简洁的外观效果。

（11）罗纹袖口：常见于休闲装、运动装。当手穿过袖口时，罗纹伸展开便于穿脱；手通过后，它又恢复原形，裹在手腕上。

（12）合体袖口：袖身十分宽松，袖口处合体，适用于大多数轻薄型和中厚型面料。

（13）翻折袖口：将一个普通袖口的长度增加两倍，多出来的面料翻折回来形成翻折袖口。这种款式常用于正式衬衫，袖口部分用袖扣或一粒扣系合。

（14）开缝袖口：这一细节设计模仿外套的后身设计，将之用于袖口时产生了时髦感，而且具有功能性。

（15）拉链袖口：便于开合，简单易用，并且使手腕部位非常合体。

（16）钥匙孔袖口：在袖子底边有一个小开口，用纽襻和纽扣系合。这种款式的袖口适合轻薄型和中厚型机织物。

（17）穿绳袖口：类似于过去的穿绳紧身衣设计，可以起到收紧的效果，设计中可以用色彩对比使袖口设计更显眼。

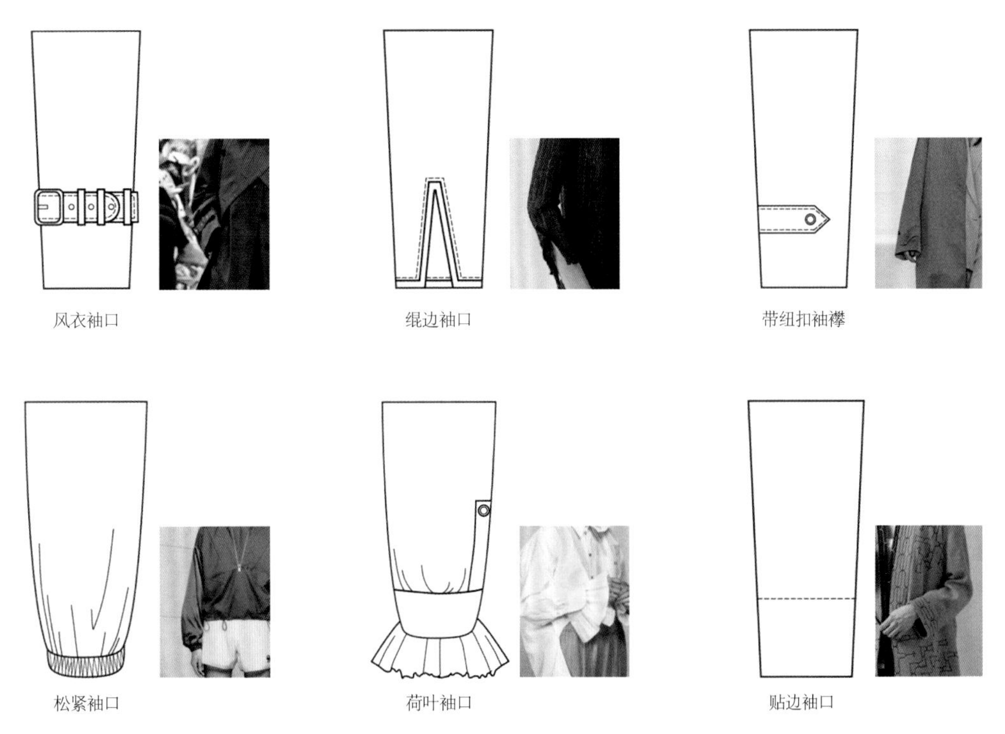

图3-27

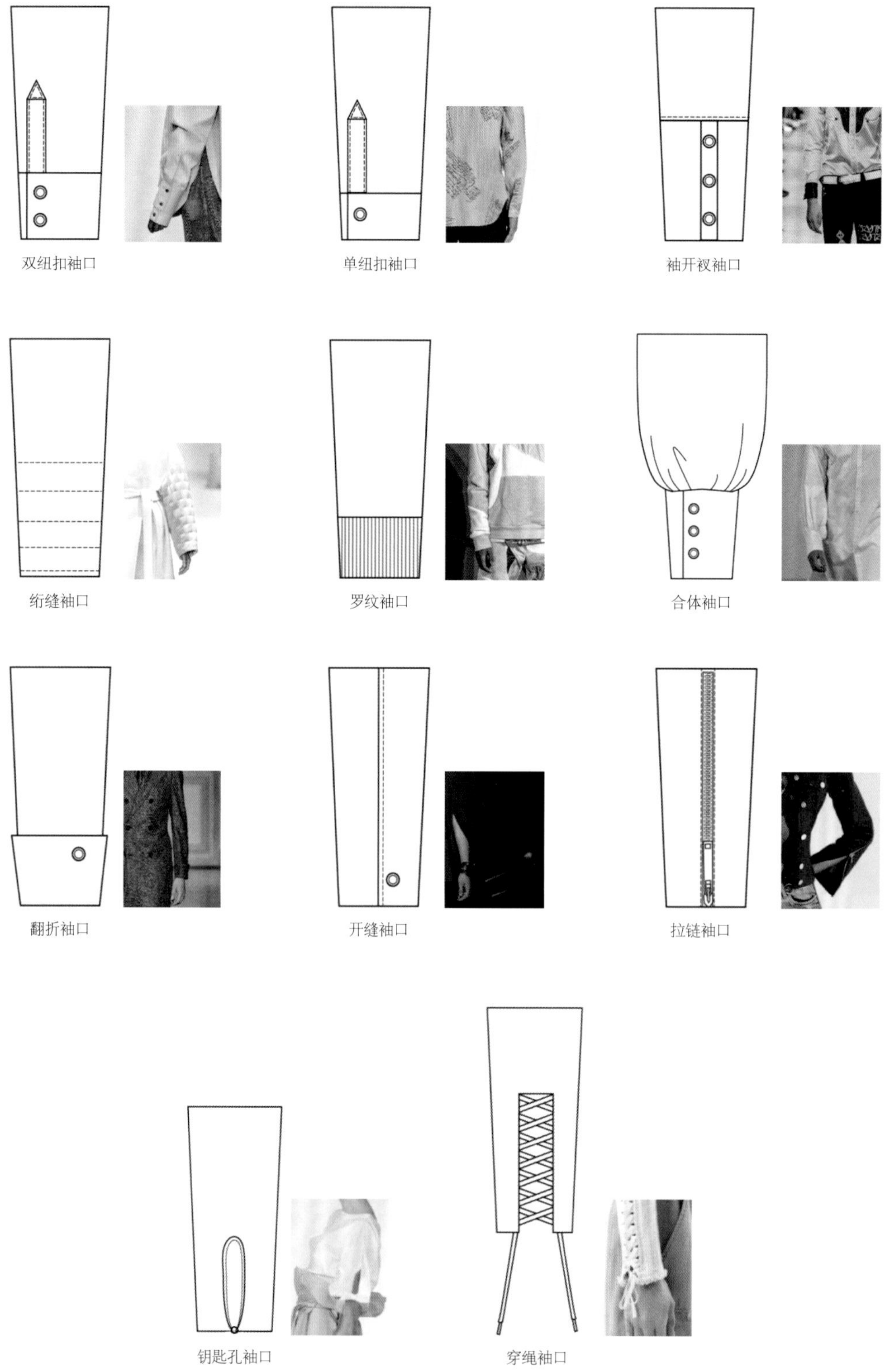

双纽扣袖口

单纽扣袖口

袖开衩袖口

绗缝袖口

罗纹袖口

合体袖口

翻折袖口

开缝袖口

拉链袖口

钥匙孔袖口

穿绳袖口

图3-27 袖口设计

（三）袖子的创意设计

袖子的造型设计对服装的最终成型效果有重要影响。当设计宽松服装时，可采用连肩袖或插肩袖，加大袖窿深度，袖片造型为一片袖、衬衫袖或直筒袖等式样；当设计合体的服装时，可采用装袖，缩小袖窿深度，袖片为两片袖、三片袖等。若某些服装特别强调肩部造型，则可借助填充物，如垫肩等，或采用特殊的肩袖结构处理，在袖山上加省道、皱褶等，用各种造型手段来达到预想的造型效果，且保持与服装的整体风格相一致（图3-28）。袖是服装造型中不可缺少的部件，只有在袖与服装风格保持一致的前提下才能较好实现服装的最终效果。

设计师把传统的羊腿袖袖型做成了蝴蝶结的造型，面料采用加厚的雪纺面料，既起到一定的定型作用，又很好地体现蝴蝶结的飘逸感，彰显女性的柔美

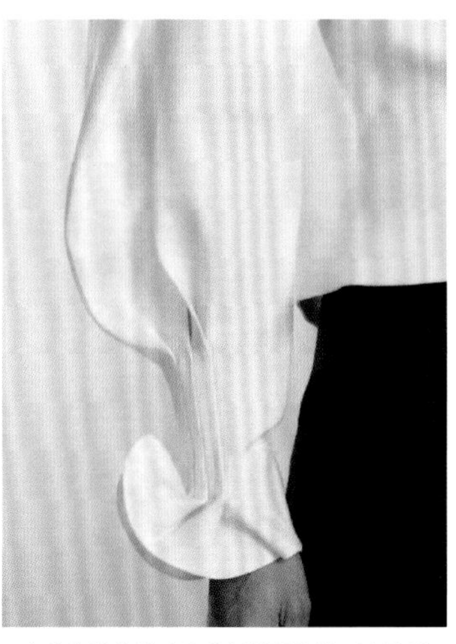

在泡泡袖的基础上进行创新设计，选择硬挺的面料，从袖山至袖口不断加大放松量，在手腕处打单向褶，褶在两端自然形成褶量，从而形成自手腕向两边“发散”的X廓型

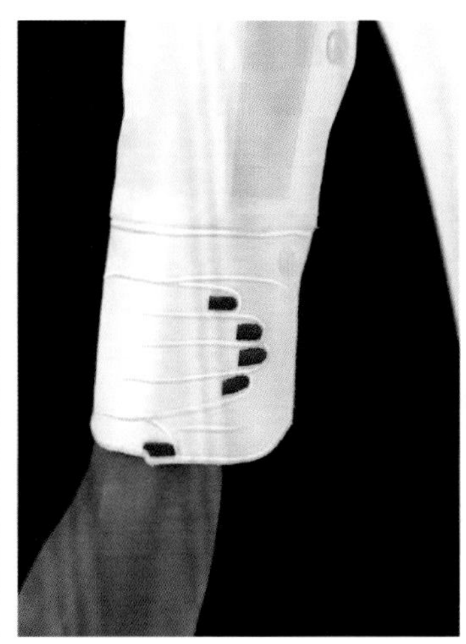

为传统的衬衫装袖，但在袖克夫上刺绣涂了红色指甲油的手的图案，打破传统衬衫正式的印象，更显趣味性，红色非常夺目，为单一的白色添色不少

图3-28 创意袖型设计

肩位的高低对服装的轮廓和袖型有一定影响。肩线可分为自然型、耸肩型和溜肩型三种。自然型肩线的特点是衣服肩部的倾斜比较轻松自然；耸肩型肩线的衣服肩部可以采用内衬垫肩或借助增大袖山体积的方法来实现；溜肩型肩线可通过延长肩缝线的方法来实现。

袖的设计还要考虑到服装的功能性需求，根据服装的功能性来决定袖子的造型，如西服的袖子需要设计得合体，运动装的袖子需要设计得较为宽松等，其设计的前提条件是不影响手臂的活动。

三、口袋

口袋是大多数服装的基本部件，尤其是外套、夹克这样的外衣品类。口袋一方面可用来盛装随身携带的小件物品，如手机、钥匙、信用卡、零钱等，具有实用功能；另一方面又对服装起到一定的装饰和点缀的效用，使服装造型更趋完美。口袋大致可分为实用型口袋与装饰型口袋。

（一）口袋的分类

❶ 实用型口袋

（1）贴袋：也称明袋，指在衣服表面直接机缝或手缝袋布做成的口袋（图3-29）。贴袋的特点在于不破开面料，可任意贴缝在所需部位。袋形可做多种变化，可呈四方形、月牙形、椭圆形等。袋面可做多种装饰，如锁扣眼、缉明线、加褶皱、装拉链、绣花、镶边、印图案、印文字和拼接等。

①大贴袋：源于军装，常用于长裤和半裙。

②袋鼠式袋：常置于休闲绒衣的前片，多用弹性针织面料制作。

③箱式袋：呈方形，有袋盖，有三角形插片的口袋容积很大，广泛用于外套、夹克、长裤和半裙。

④双贴袋：是将一个口袋直接缝于另一个口袋上面，是一种非常实用的款式。

⑤嵌线明贴袋：可以用于男士西裤、牛仔裤的后贴袋。

⑥带盖明贴袋：有袋盖的明袋，能使服装细节设计看起来更整洁。

（2）挖袋：又称暗袋，是在衣身上剪出袋口，袋口处以布料缉缝固定，口袋隐藏在服装内部，衣片表面的袋口可以装嵌条，也可以用袋盖掩饰袋口。挖袋的变化主要体现在袋口上，有横开、斜开、单嵌线、双嵌线、有袋盖、无袋盖等多种变化。挖袋的造型简洁大方，在正规服装与日常服装中运用较多。挖袋可以划分为开线挖袋、嵌线挖袋和袋盖

图3-29 贴袋设计

式挖袋三种。开线挖袋的袋口固定布料较宽，约1厘米，可以制成单开线或双开线，日常服装中用得较普遍。嵌线挖袋的袋口固定布料较窄，多用于男装。袋盖式挖袋是在开线挖袋上加缝袋盖的形式，多用于女式大衣。挖袋的袋口、袋盖有直线形、弧线形等多种变化（图3-30）。

①嵌线挖袋：是一种美观而牢固的口袋，常用于精做服装，如夹克、长裤和半裙的后袋。

②纽扣嵌线挖袋：带纽扣的嵌线挖袋多用作精做长裤的后袋。

③扣襻嵌线挖袋：带扣襻的嵌线挖袋增加了口袋的安全性。

④带盖嵌线挖袋：有袋盖的嵌线挖袋非常适合采用质地紧密的面料制作。

⑤加固嵌线挖袋：适用于夹克和外套的口袋设计，加固的两端三角区增加了口袋承受能力，避免撕裂。

⑥曲线嵌线挖袋：常用于外套和夹克，较为流行，也可用于半裙和长裤。

⑦拉链嵌线挖袋：增添了拉链的嵌线挖袋增强了口袋的安全性，而且非常实用，适合作夹克和外套的主口袋。

（3）插袋：也称缝内袋，是位于服装拼接缝间的口袋，一般比较隐蔽，不影响服装的整体感和服饰风格，注重实用功能而不重视装饰功能。插袋上也可加各式袋口、袋盖或其他装饰来丰富造型（图3-31）。

①斜插袋：长裤上常见的是斜插袋，它适用于各种面料，如华达呢、针织物。

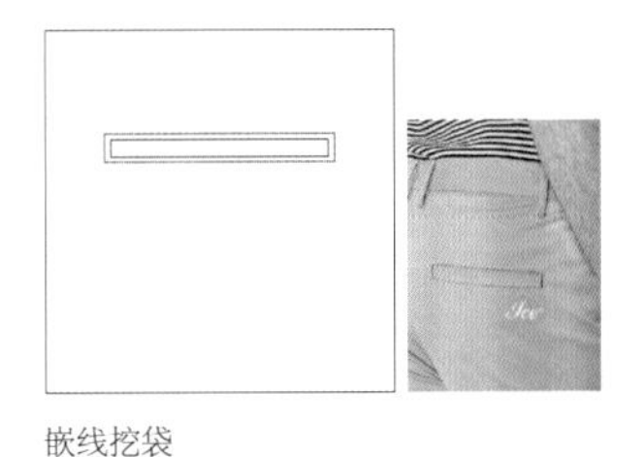

嵌线挖袋

纽扣嵌线挖袋

扣襻嵌线挖袋

带盖嵌线挖袋

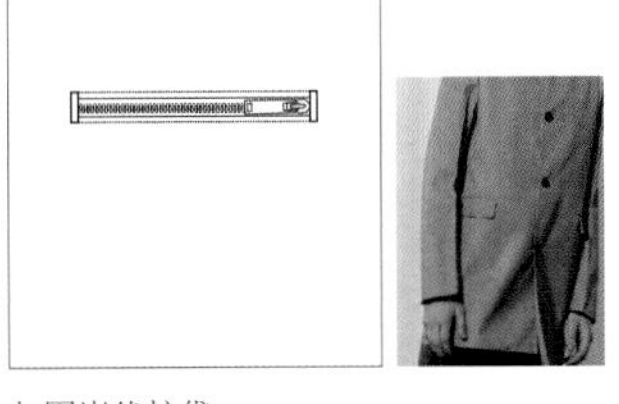

加固嵌线挖袋

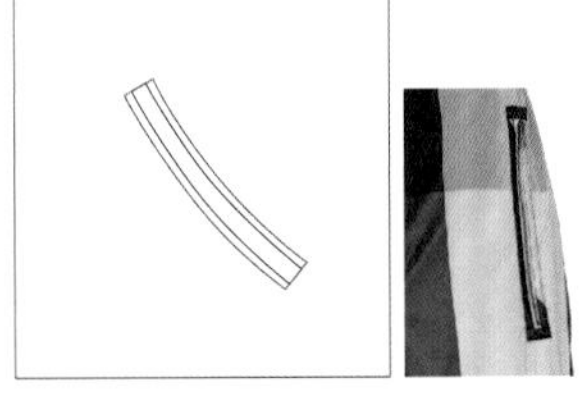

曲线嵌线挖袋

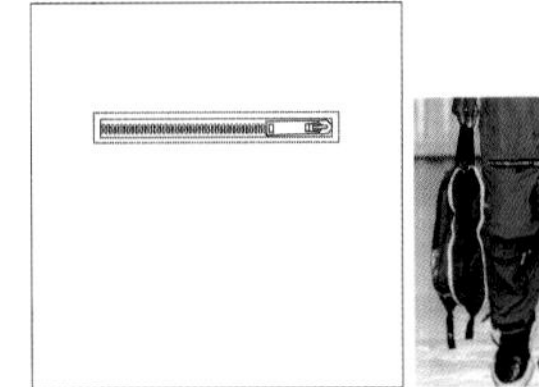

拉链嵌线挖袋

图3-30 挖袋设计

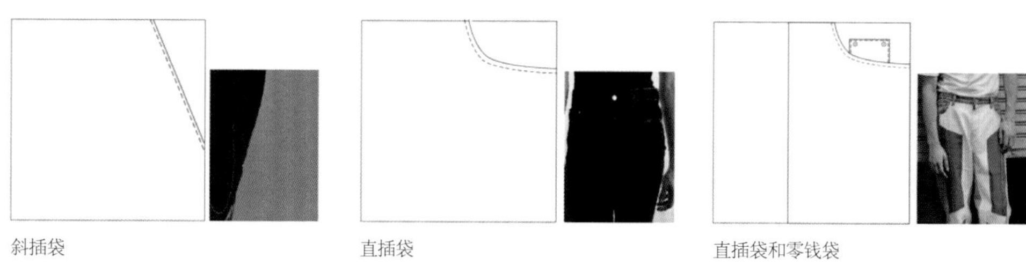

图3-31 插袋设计

②直插袋：与斜插袋类似，直插袋也广泛流行和运用。

③直插袋和零钱袋：广泛应用于牛仔裤。

❷ 装饰型口袋

装饰型口袋主要注重口袋款式对于服装的装饰性，而弱化其实用性。装饰型口袋可以强化服装风格，起到画龙点睛的作用。

口袋样式繁多，一般来说，职业服、工作服、旅游服装等比较强调口袋的造型设计，而礼服、睡衣等则相对不强调口袋的设计。选配口袋时，要注意口袋与主体部位的结构及面料的关系：透明织物的服装不适合挖袋；丝绸类较薄面料的服装以及紧身合体的服装不适合制作口袋。贴袋及袋盖式样的选配首先取决于服装的造型，即衣服的长、宽，并与分割线的布局、领型的线条、结构线的设计等有关。例如，衣服的分割线和领型都是直线或多边形，有棱角的，那么口袋则应该呈方形、长方形或多边几何图形。当然，直线条的服装，有时也可以配用弧形口袋，只要布局合理、结构匀称、感觉舒服，同样能增加美感。总之，必须注意相互间的协调配合和统一，同时口袋不能妨碍行动，应使用方便。

（二）口袋的创意设计

口袋对于服装而言，是服装的主要附属部件，通常既具有实用功能，又具有装饰性作用。如图3-32所示，第一款打破了一贯的方形口袋设计，做成了圆形口袋，在其中心线上开缝作为袋口，虽然实用性不高，但是创意及装饰性十足；第二款是“省道”式的口袋样式，使用的袋口花纹与服装面料也有差别，更显口袋设计的精致，加上扣襻设计点睛，使整体设计低调内敛、简洁大方，更富趣味；第三款口袋与服装运用相同面料，袋口做工精细，一改以往的直挖袋形式。

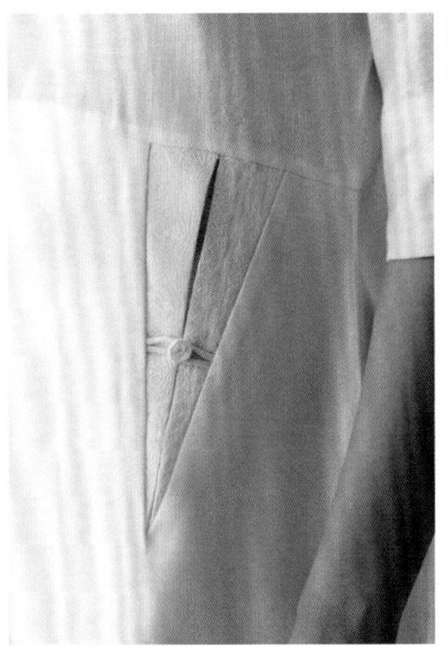

图3-32 口袋创意设计

四、腰部

人类进入文明社会以来，性感和女人味多集中体现在女性的腰部，人们想方设法突出腰部，将体型曲线最大化。当服装廓型改变时，腰线位置也相应改变。20世纪20年代的女装廓型为下落的腰线、直线型、筒状的外观。到了60年代，腰线复兴，上升到胸部下面，突出了袒胸露肩的效果。90年代，超低腰裤加长了上身长度。又经过多年演变，腰线重新提升到高位，如高腰裤和高腰牛仔裤。

腰部设计应注重方便穿脱和固定的作用。一款成功的服装设计，在腰部区域必须将款式、造型和功能兼备。

（一）腰部的分类

❶ 按腰部位置分类（图3-33）

（1）低腰：低腰或超低腰曾流行于20世纪90年代，并持续至今。低腰位于骨盆区域，加长了上身，展示了臀部。

（2）中腰：腰线在人体自然腰节位置，是一种舒适的款式。

（3）高腰：使女性腰臀部产生流畅的曲线，并突出了胸部区域。

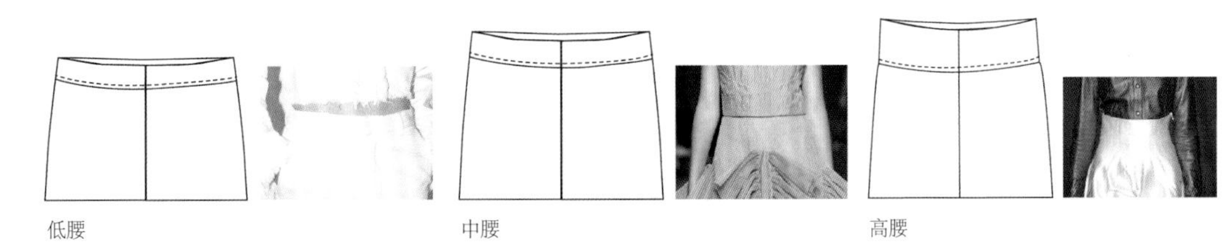

图3-33 腰部的位置

❷ 按腰部造型分类（图3-34）

（1）无腰：贴边腰线没有腰头，而只是用隐藏在里面的贴边简单机缝成腰线。

（2）曲线腰：用于长裤或半裙，将焦点集中于腹部。

（3）尖角高腰：尖角式腰部设计是高腰型，侧边拉链开口，这一款式非常适合用特制面料和花式面料制作。

（4）育克式腰：适合长裤和半裙，将省道放入育克接缝中，采用侧边拉链开口。

（5）立褶式腰：在腰部打褶，这种款式最好用硬挺的面料制作。

（6）波形褶式腰：有从腰部开始、长至臀部的垂褶，为服装增添了女人味，适用于选择悬垂性良好的面料制作。

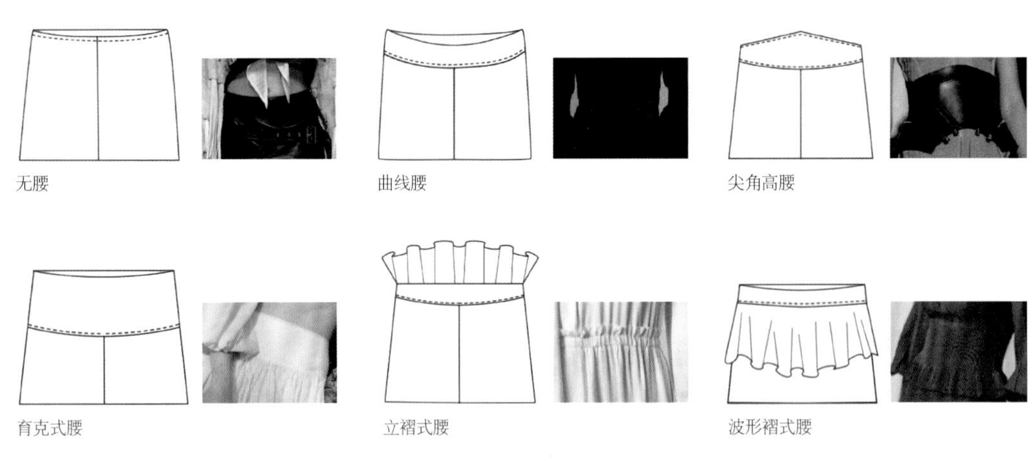

图3-34 腰部的造型设计

❸ 按腰部穿脱方式（图3-35）

（1）可调节扣襻式：可调节的扣襻可置于腰部侧边，作为一个细节。

（2）腰带式：腰部采用腰带是半裙和长裤中流行的款式，其外观由腰带环和穿过其中的腰带共同构成。

（3）皮带式：用皮带扣来调节腰围，或者仅作为一个设计细节。皮带扣用在服装的前身、后身都可以。

（4）抽带式：常用于休闲裤和运动服。抽带使裤子显得更轻松，并且适用于针织面料的服装。

（5）松紧带式：其腰部会产生皱褶的外观，适用于柔软面料制作的休闲裤和休闲裙。

（6）穿绳式：怀旧风格的穿绳腰部设计，可用在前腰、侧腰和后腰，系带的位置是服装的开口。

（7）前襻式：常见于做工精致的长裤和半裙。前面重叠部分通常在内侧有紧固装置。

（8）围裹式：围裹式腰部为围裹式半裙提供了理想设计，很适合采用特制面料和花式面料。

（9）罗纹带式：腰部可以全部采用罗纹，也可以部分采用罗纹。罗纹织物有弹性，很合体，常用于童装、运动装。

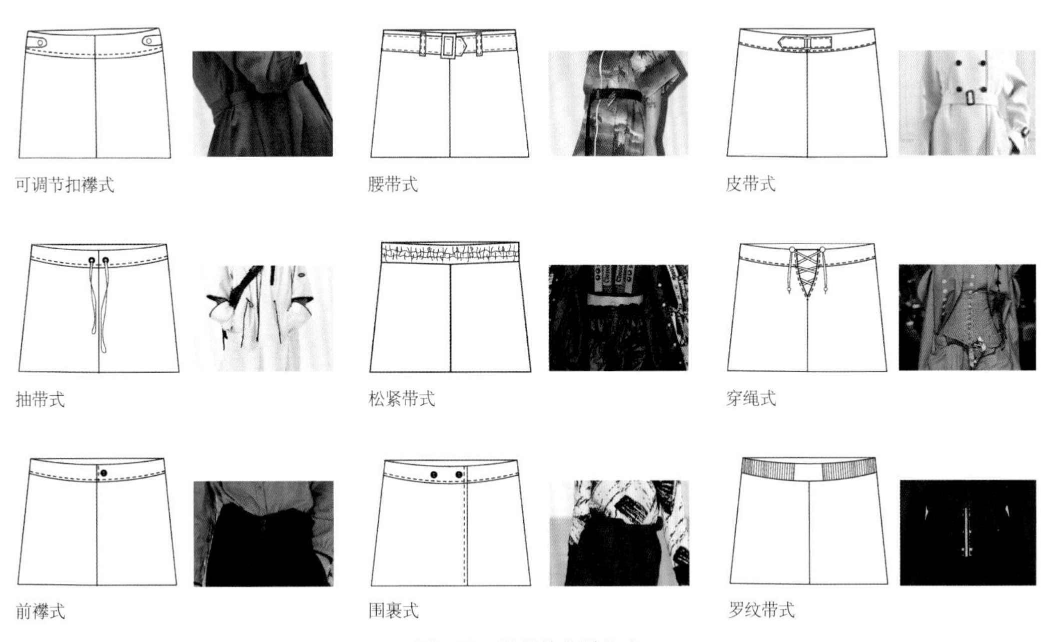

图3-35 腰部的穿脱方式

（二）腰部的创意设计

不同腰线高低的设计可以塑造不同的形象。女性裙子或裤子的高腰细节可以强化女性特有的沙漏型曲线，淡化人们对精英女性的刻板印象，突出女性时尚且温文尔雅的一面；中腰是腰线在人体腰节位置，为中规中矩的自然型，给人以端庄、优雅之感；低腰随着近年来流行的性感风席卷而来，多用于牛仔裤的腰头设计，将腰线降低到臀围线附近，充满性感、诱惑的韵味；无腰设计的特点是简洁精致、线条流畅，这种设计要注意腰线位置、形状的把握。合理的腰部设计可以改变人体的比例、修饰曲线、遮掩身材缺陷等，如下身稍短的身材，可以选择高腰设计的服装，减小上身长度，从视觉上拉长下半身比例，使人看起来高挑苗条。

一些腰部设计采用收褶处理，使腰部呈现花边式的效果，搭配印花丝带，更显柔美。如果后腰收褶运用得恰到好处，能起到提臀的效果。抽带式与罗纹带式多用于运动风格的服装，方便穿脱或者防止裤腰下滑。腰带式及松紧带式适用于休闲风格的服装。前襻式及围裹式则适用于半裙或女裤装。

腰部的设计可以是简洁明了的，也可以是变化巧妙的，不同的裁剪方式会改变服装整体廓型，所以不同的腰部设计会在一定程度上影响服装的视觉效果。如图3-36所示，第一款腰部的打结与衣身的裁片相接，板型复杂巧妙，打破了传统的腰部系结与衣身分离的设计；第二款在腰部通过绑结的造型与门襟的搭门相交，形成视觉中心，起到束腰显瘦的作用，并采用缉明线的装饰手法，整体干练简洁；第三款在外套的腰部位置做一个长搭门，把原本宽松的直筒外套进行了收腰，形成X型廓型，服装的亮面材质与哑光材质很好地进行了区分，让人产生纤细苗条的视觉效果，款式也变得更时尚、休闲。

图3-36 腰部创意设计

五、下摆

下摆不仅是服装的结束部位，应防止服装面料脱线，同时也可以是表现时尚的部位。

（一）下摆的分类

❶ 按长度分类

（1）长下摆：加长了廓型，下摆几乎接近脚踝。

（2）中长下摆：位置在膝盖上下部位。

（3）短下摆：位置在大腿中部以上。

❷ 按装饰形式分类（图3-37）

（1）单开衩下摆：可用于任何长度的裙子，用在前身或后身均可，为人体活动提供了空间。

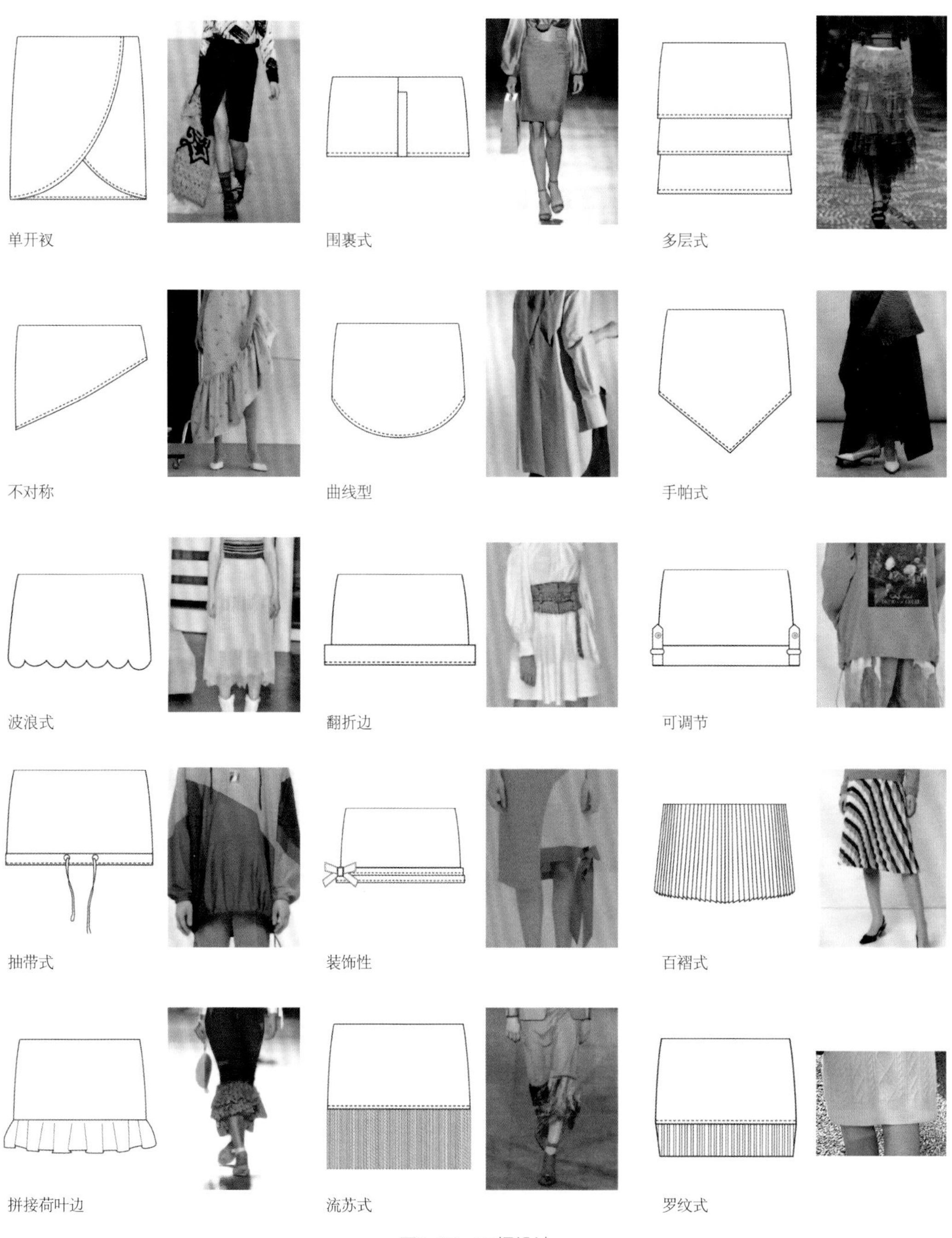

图3-37 下摆设计

（2）围裹式下摆：适用于任何长度的半裙。由于这一下摆容易向后滑动，因此需加衬里。

（3）多层式下摆：可用对比色或者补色设计多层下摆，能够取得较为理想的效果。

（4）不对称下摆：下摆一边较长，一边较短。

（5）曲线型下摆：特别适合短裙和中长裙。

（6）手帕式下摆：可以用在裙子的前身或后身，适用于短裙和中长裙。

（7）波浪式下摆：下摆有着扇形边缘，需要贴边来完成制作。

（8）翻折边下摆：适用于任何长度的裙子，可以用对比色或补色面料来制作折边。

（9）可调节下摆：用侧襻改变裙子长度，并产生一种新的设计效果。

（10）抽带式下摆：下摆有一种运动感，可以用弹性或机织面料制作。

（11）装饰性下摆：采用斜裁绲边的形式，可缉明线。

（12）百褶式下摆：曾流行于20世纪70年代，是一种经典的款式，适用于各种裙长设计。

（13）拼接荷叶边下摆：这是一种装饰性的下摆，富有女性的魅力，可用于超短裙和中长裙。

（14）流苏式下摆：这种装饰性的下摆便于活动，流苏的长度可以调整。

（15）罗纹式下摆：在裙子底部用罗纹收紧，罗纹的长度可以调整。

（二）下摆的创意设计

不同的下摆设计可以呈现不同的视觉效果。长下摆显得优雅大方，中长下摆显得含蓄乖巧，短下摆显得活泼灵动。除此之外，腿粗者可以通过穿长下摆或者中长下摆的服装来遮挡和修饰，会显得身材更加纤细苗条。

如图3-38所示，第一款上装采用高低下摆设计，并以同色系的纱质面料做出灵动的褶皱，软硬材质搭配，动静结合，打破沉闷的视觉观感；第二款灰色调套装在下摆处拼贴了面罩造型，打破沉闷，更显趣味性；第三款服装采用纱质面料的袖身、抽绳束口式的衣身下摆与不规则的褶量，一同呈现O型廓型，整体中性化十足。

图3-38　下摆创意设计

六、门襟

门襟的设计和领部设计相互衬托呼应，共同传达服装的美感。为了穿脱方便，领口线小的衣服必须留出开口，其开合的部位称作门襟。门襟又称开门，通常呈几何直线或弧线状态。门襟可以设置在任何部位，也可以通过各种装饰工艺、配饰等来实现设计的变化。大多数服装都有搭门，搭门的外形和大小对门襟款式的造型变化起着主导作用。不放出搭门的门襟统称为对襟，是前中线两襟对齐的结构形式，两襟之间也可以留些空隙，通常以系扣或串带形式出现。此外，也有门襟无搭门而里襟有搭门的结构，如中式便服的门襟。常见的对襟形式有拉链式对襟、布环扣式对襟、盘花扣对襟等。

（一）门襟的分类

门襟的分类多样，根据设计可以分为可脱卸式门襟、不对称门襟、多层次门襟、褶皱门襟、撞色门襟、各种形状的门襟、开口高低不同的门襟、独特的装饰门襟等。按照长度，门襟可分为半开襟（图3-39）和全开襟。半开襟是指开口只开到服装的一定高度位置，全开襟是指开口一直开到服装的底边。

图3-39 半开襟

按照所在的部位，门襟可分为前开襟（图3-40）、后开襟（图3-41）、肩开襟（图3-42）等。

按照形式，门襟可分为对门襟（图3-43）、搭门襟（图3-44）、偏门襟、斜开襟（图3-45）、弧线开襟、大襟、一字襟及琵琶襟等。

图3-40 前开襟

图3-41 后开襟

图3-42 肩开襟

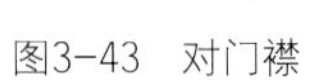

图3-43 对门襟

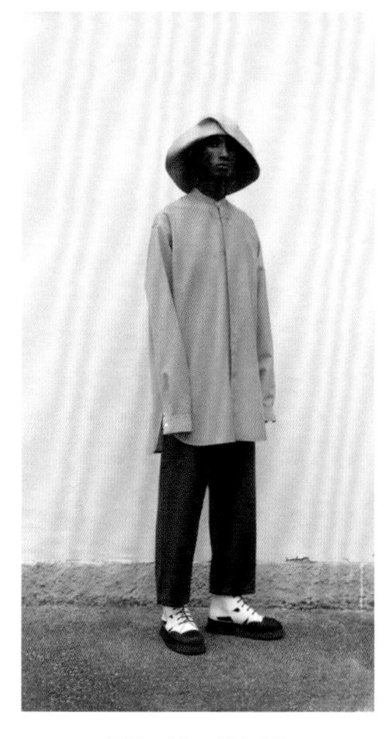

图3-44 搭门襟

图3-45 斜开襟

按照门襟止口的线型，门襟可分为直线襟、曲线襟、斜线襟。按照钉扣的形式，门襟可分为暗门襟（图3-46）、明门襟（图3-47）。

按纽扣排列的排数，门襟还可分为单排扣门襟（图3-48）和双排扣门襟（图3-49）。

图3-46 暗门襟

图3-47 明门襟

图3-48 单排扣门襟

图3-49 双排扣门襟

（二）门襟的创意设计

半开襟的样式，在连衣裙、T恤等服装中运用较多，这类服装被称为套头衫。贴门襟是在门襟处向外翻开贴边，西式男衬衫、猎装和轻便装常常采用。门襟上可以缉明线，装饰花边、狗牙边、装饰链等，还可以用各式纽扣或拉链加以固定。两门襟搭在一起，重合部分称为叠门，叠门量的大小对门襟的式样、纽扣的配置都起到了重要作用。

门襟的创意设计多在基础门襟上进行变化设计，以此提高服装的丰富度，也使风格更加明确。如图3-50所示，第一款以驳领门襟为基础，在原本左右衣片交叠的开扣方式上，左右衣片增加了一个“衣片”，门襟看上去更加“错乱”，使服装更有趣味性；第二款将门襟设置为偏门襟，开至腰线左侧位置，原服装设计为斜襟，设计师把立领改成衬衫领，盘扣斜襟改成纽扣偏门襟，使款式变得更休闲；第三款在西服外套的基础上，加上错开的内搭门襟，形成假两件，外层纯色面料，内层条纹面料，丰富了层次感；第四款左衣片门襟与右衣片在右腰身位置用魔术扣系合，打破以往的衬衫前开襟形式，款式更具趣味性。

图3-50 创意门襟设计

第四章

服装设计思维与实践

教学内容：设计思维；服装设计思维的分类；服装设计实践。

单元学时：12学时（理论4学时／实训8学时）。

实训目的：了解服装设计思维的作用及流程；掌握服装设计思维的分类及表达方式；通过具体的设计实践案例使学生加深对服装设计思维模式的理解；通过常用服装设计方法的运用，提高学生的思维敏捷性和设计创作的效率。

实训内容：1. 设计思维的基础训练；

2. 逆向设计思维实训；

3. 联想设计思维实训；

4. 头脑风暴法。

思政元素：培养学生的独立思考能力、创新思维能力、团队协作能力与表达能力，增强学生解决问题的实践能力和锲而不舍的探索精神。

第一节 设计思维

设计思维在设计、工程、商务和管理领域所发挥的作用是有目共睹的，其孕育的“创造性思维于行动中”的特点使它越来越受到教育界人士的青睐。在高等设计院校中，设计思维成为日益重要的教学实训内容。

一、概念

思维是人类所具有的高级认识活动。心理学将思维定义为人脑对客观事物的间接、概括的反映，是人的认识过程的高级阶段。一般而言，人们的思维大多是为了解决问题，问题解决是思维的目标状态。设计思维，即“Design Thinking”，从字面意思上，设计思维注重“Thinking”，可以理解为是一种解决实际问题的思维方式，或是一种高效的设计方法论，但对设计思维概念的理解又不应受限于此。设计思维通过观察用户和世界，提出问题并发掘用户的潜在需求，快速地制作产品原型，为用户带来更好的体验，提出解决问题的具体方案。

设计思维能力是优秀设计师必备的一种能力。对于设计师而言，如果说设计方法是一个工具箱，里面装着解决问题的工具，那么设计思维就是使用这些工具的方法。不同的人对于设计思维有着不同的理解，不同的使用方法。

二、设计思维的程序

斯坦福大学设计学院教师哈索·普拉特纳（Hasso Plattner）在设计思维流程指南中，将设计思维分为5个阶段：同理心、需求定义、创意构思、原型实现及实际测试（图4-1）。这也是目前应用最多的设计思维程序。它不仅是头脑风暴会议或者一个流程，还是一个迭代反复的过程。

图4-1 设计思维程序

（一）同理心

每个设计项目的首要任务就是建立同理心，即移情或共情，它是指理解目标群体，收集、体验目标对象的真实感受和需求，强调“以人为本”“以用户需求为中心”。这是设计思维的出发点，也是设计思维的核心点。通过观察、倾听、访谈、从目标群体的角度去体验等方式，捕捉一些关键信息，为设计方案提供方向指引，而非提供主观臆断、先入为主的解决方案。只有仔细、全面地去观察目标群体，深入、具体地去了解他们的需求，进入他们的生活、工作、环境，体验他们的喜怒哀乐，才能实现有意义的创新。优秀的设计建立在充分的同理心思考之上，做到这一点非常重要，同时也非常困难。因为人的大脑往往会不自觉地自动过滤掉大量的信息。

❶ 前期研究

在与用户面对面接触之前，应先收集资料，尽可能充分地分析、研究问题，为用户访谈和现场观察做好充足的准备。此时，可以运用“5W1H”方法。5W指英文中who、where、when、what和why，H指How。“5W1H”方法关注的是确定目标群体、掌握目标群体信息、明确工作目标、了解相关案例、分析解决方案如何实现等问题。

❷ 预设问题

所有成员先分别提出自己的问题，再共同讨论并提炼问题，例如，确定问题的先后关系，抓住核心问题，避免出现重复的问题，具有倾向性地提问，问题尽量简短。

❸ 用户访谈

可以先进行自我介绍和项目介绍，从用户的基本情况入手，先了解用户的基本信息，再进入正题，对于开放性问题允许用户充分自我表达，最后聚焦于问题的核心，由浅入深、由表及里地访谈、交流。可以主动向用户提问，如：

封闭式提问：你觉得这款服装好看吗？

开放式提问：你觉得这款服装有哪些地方吸引你？

宽泛、模糊的提问会让用户无法应对，对后期的设计工作也缺少指引性。如果是团队合作的设计项目，每组可以2～3人，项目工作合理分工，例如，在访谈中有人负责提问，有人负责文字记录，有人负责拍照、摄像等。建议每位成员都与目标群体进行对话、接触。

（二）需求定义

需求定义指在获取的信息中寻找需求点，并进行思维加工，分析、确定要解决的关键问题，使设计工作目标更明确。此时，设计师应将所有观察、捕捉到的重要信息以视觉化的形式呈现出来。

❶ 信息分类

记录用户的原话，避免受设计师个人的经验和偏好左右。例如，可以采用不同颜色的便利贴，分别记录不同类别的信息。设计师需要去体会用户的感觉及想法，也可以充当用户的角色，亲身体验产品和服务。

❷ 发掘需求

需求能反映目标用户的期望。通常受访者在访谈时会明确表达出来，这是一个从发散到聚敛的过程，设计团队会越来越聚焦于少数几个需求，甚至最终只关注一个需求。这样做一方面有助于归纳、整理、收集信息，理解全局；另一方面也有助于明确设计任务。需求定义的环节在设计思维过程中十分重要，它需要设计师根据搜集到的信息，洞察问题所在，并最终确定具体的问题或需求。在设计创新领域，有时提出问题比解决问题更重要。

（三）创意构思

这是为用户创建解决方案的阶段，也是设计思维中最令人兴奋的环节。该阶段需要设计师或设计团队集中精力思考，提出想法，梳理想法，输出各种解决方案。在设计的初期阶段，创意构思并不强调提出“正确”的想法，而是侧重于产生“广泛”的可能性。一般建议团队成员在规定的时间内依次发言，在此过程中，不要指出成员创意的缺点或不足，以免打击对方的积极性，而且，粗暴打断会破坏集体思维的联想与延展，暂缓评论是对发言人最起码的尊重。此外，虽然鼓励“异想天开”，但需要注意不要离题。

为激发创意，使团队发挥最大的想象力，可以采用6—5—3传递创意法。即要求6个参与者每5分钟产生3个新点子。在每完成3个点子之后，这张用于记录创意的纸被顺时针传给下一位成员，计时重新开始。如此，每张纸上都会有18个点子，6张纸总共记录108个点子。

对于产生的创意点子，可以按照某种标准进行分类，然后由团队成员投票，选择创意。可以考虑采用以下三个投票标准：最可能让人高兴的（最有趣的）选择、最理性的选择、最出乎意料的选择。然后进一步挖掘创意的细节。

（四）原型实现

原型实现是介于创意和产品之间的一个环节，这个环节是指根据设计方案完成原型的制作，用最短的时间、最经济的方式做出解决方案。原型指最终产品的雏形，它是用户可以与之互动、可供用户体验的实物，而不是口述某种方案。

在制作原型的早期阶段，可以创建快速且廉价的原型，原型的价值在于让创意可见、可感、可供评价。用户可以通过原型更加直观地理解创意要点，并且用他们习惯的方式进行体验与反馈。在构建原型时，需要在脑海里有清晰的认识，例如，你希望用户测试什么内容？在测试中得到什么体验？这些回答不仅有助于构建原型，也有助于设计师在测试阶段得到有意义的反馈。

（五）实际测试

企业正式发布新产品之前，需要进行必要的测试，努力推出接近市场真实需求的产品。在目标用户对原型进行使用、体验之后，通过向其询问开放性问题、观察等方式获得反馈，以此不断提升产品方案。测试是一个了解消费者的机会，也是完善设计方案的机会。

在测试的时候，不要仅询问消费者是否喜欢这个解决方案，还应该继续问"为什么"，倾听用户所说、所问，观察用户对实物体验做出的真实反应，专注于从对方的回答和体验中找到潜在的信息。有时在测试过程中，设计师可能会发现，自己不仅没有找到正确的解决方案，甚至连用户需求都存在偏差，因此，在此环节中，有可能会让设计师重新认识用户，推翻过去，重新进行创意设计。

设计思维的过程看上去似乎是一个线性过程，但在真实的设计过程中，期间可能有多次循环的过程，或在一个环节内反复循环。上述设计思维程序五个阶段，只是一个框架的建议，最终仍需要设计师根据自己的情况，拟定一个适合自己的流程，并将之渗透到自己的工作方式之中。对于设计师来说，理解上述阶段并不难，难的是将设计思维灵活地运用到自己的实际工作当中。

三、设计思维的表达

（一）思维导图的概念及特点

在设计思维程序中，视觉化思维是隐含其中、必不可少的重要步骤。视觉化思维是指将思考过程具体化、可视化，通常可用文字、图片，甚至漫画的方式去表现。若想及时地将想法记录下来，用于进一步地发散思考，便需要设计师掌握思维的表达方法，即思维导图（Mind Map）的制作。思维导图又称概念图，是思维得以视觉化、形象化的表达方法，一般呈放射状，应用广泛。

思维导图的制作方法简单，通常在白纸或白板上，以文字、图形、图片等多种方法，表达展开多个联想。思维导图的框架形式多样，可满足不同行业背景的专业人士使用。思维导图可以活跃设计师的思维，有效激发个人、团队成员的联想与创意，为设计提供更多可能性。此外，制作思维导图可以帮助设计师形成全局观，将头脑中碎片化的想法贯穿起来，形成条理清晰、逻辑性强的思维模式，为发散性思考提供一种组织架构思维的新方式，通过建立关联，有效帮助大脑思考和解决问题，提高工作效率。

（二）思维导图的构成形式

思维导图由主干、枝干和分支三个部分组成，随着大量信息在思考过程中不断被激活、发散，最终形成一棵枝繁叶茂的大树。当然，这并不意味着思维导图只能以树形图进行表达。思维导图可以采用组织结构图、鱼骨图、时间轴、二维图、逻辑图等结构化的方式进行展示（图4-2）。

以鱼骨图的思维导图为例（图4-3），设计师在进行设计前，根据题材、风格、材质、工艺四个方面进行思维拓展，从中找到自己设计的关键词，展开系列设计。

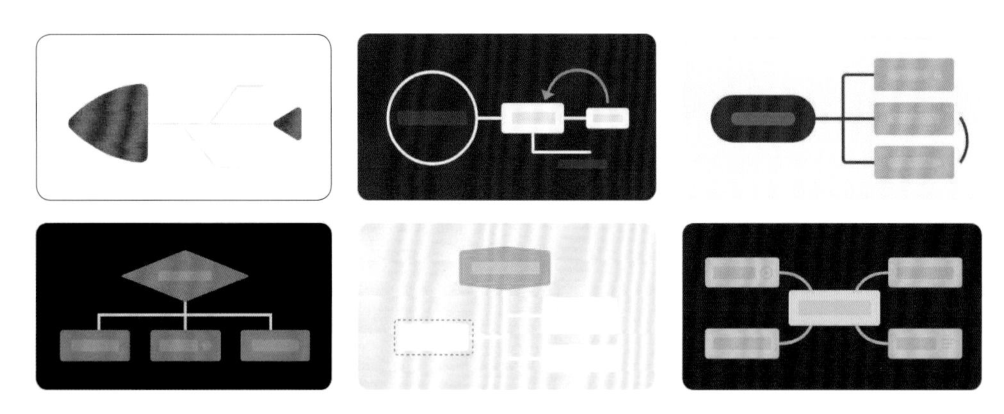

图4-2 不同形式的思维导图

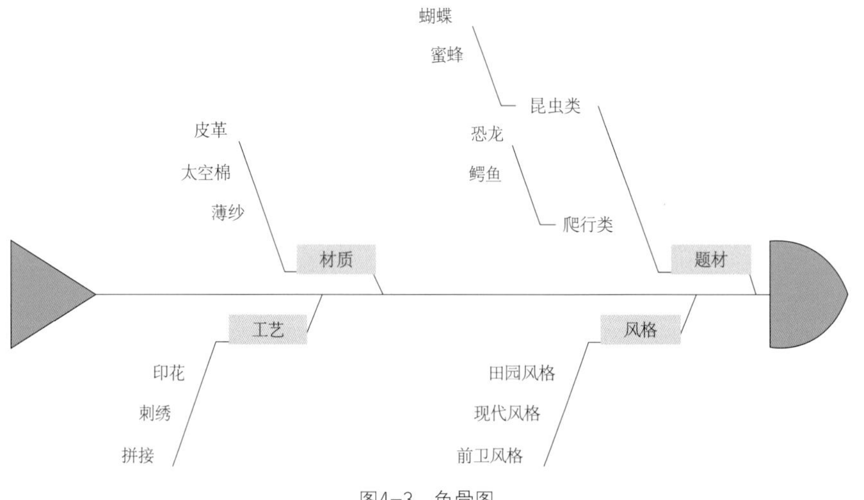

图4-3 鱼骨图

（三）思维导图案例

在聚焦非物质文化遗产活态保护与传承的背景下，某学生以岭南醒狮为切入点，从地域文化、形态特征、配色表现、服装品牌、设计应用等方面展开思考（图4-4）。

醒狮的传统元素：对岭南醒狮的文化背景、形象特色、表演形式、制作技艺等方面进行资料收集。然后，对比、分析、归纳岭南醒狮的形象特征和规律，结合现代审美和时尚潮流，进行相关的文创设计。

造型元素：狮头（唇、鼻、眉、耳、角）、花篮、狮被等。

色彩元素：红色、黄色、黑色、橘色、绿色。

图案元素：大虎斑纹、小虎斑纹、点纹、唐草纹等。

情绪：喜、怒、哀、乐、动、静、惊、疑。

动态：睁眼、洗须、舔身、采青、饮水、踩桩、飞跃、回旋。

工艺：刺绣、印花、钉珠、镂空等。

应用：服装、服饰、家纺、家具、产品包装、微信表情包等。

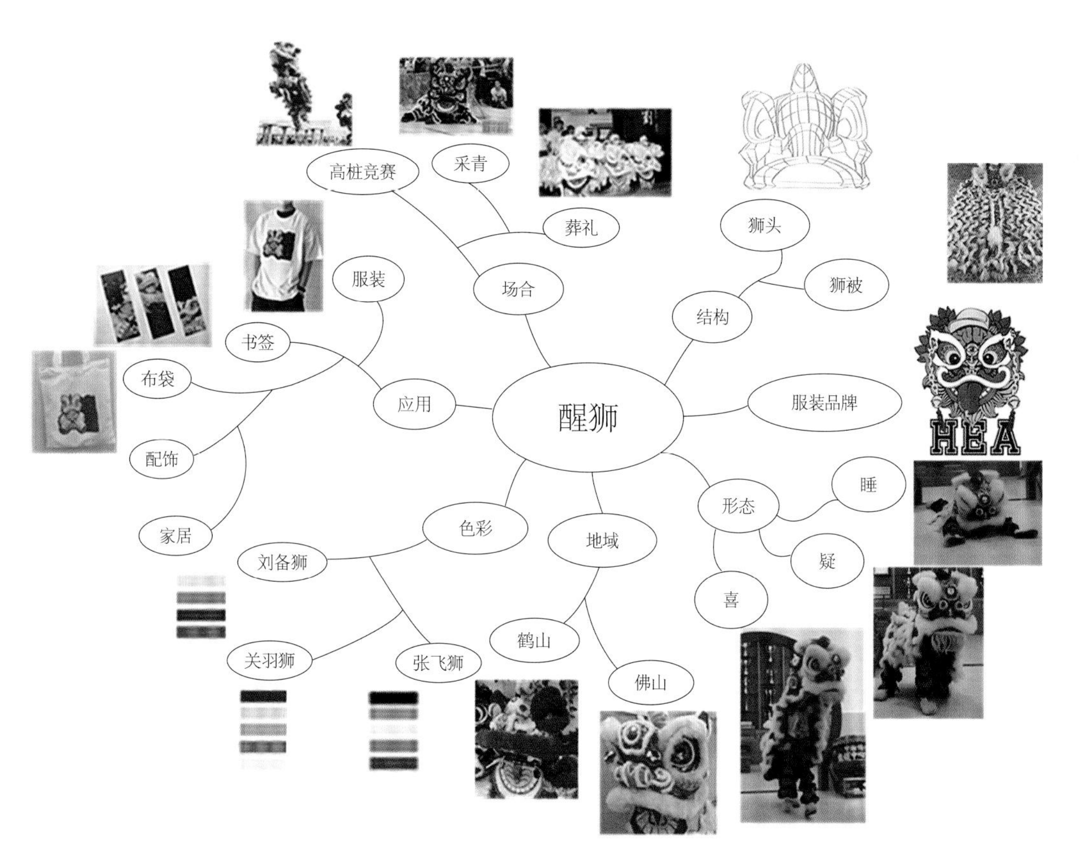

图4-4　以中国醒狮为主题的思维导图

四、设计思维的能力

设计思维不是单一的能力，也不是与生俱来就能拥有的能力，而是需要在实践过程中反复练习、日积月累的一种综合能力，包括洞察力、想象力、表达能力、沟通交流能力、团队合作能力、质疑能力等。

设计师要具备洞察力，不能粗略地观察，而是要细致入微地观察，设计师需要通过观察事物表象，迅速、准确地判断问题本质。可以通过提高注意力，使大脑处于警觉状态，快速在大脑中存储、处理有用信息，清除无用信息，或通过自身学习、积累经验，达到培养、提升洞察力的目的。想象力的培养对于服装设计专业人士而言，至关重要，可以通过增加生活阅历、丰富知识储备、有意识的思维训练等途径提高想象力。设计师还应具有良好的沟通能力、语言表达与设计表达能力，建立融洽的人际关系，有效地与他人分享灵感及创意。古人有云“学贵有疑，小疑则小进，大疑则大进”。质疑作为一种探索能力，有利于促进人们的认知发展能力，培养创新精神和创新能力。

五、设计思维的案例

早产儿的“睡袋”设计

这是一个非常成功的设计思维案例。某品牌的核心人物J还在大学就读时，在一门课程上，老师要求学生设计一个产品。于是J联系了计算机系、科学化学系的同学，组建了一个团队，目标是以传统恒温箱1%的价格制造低成本的婴儿保温箱。导致新生儿死亡有多种因素，J和她的团队决定把重心放在因受到低温影响的早产儿和低体重新生儿上。对于一个无法调节自己体温的早产儿来说（图4-5），他们迫切地需要一个保温箱使自己的器官得以正常发育。不然，他们极有可能会出现糖尿病、心脏病、低智商，甚至死亡等一系列问题。但传统的恒温箱需要电源，且售价高达2万美元。在发展中国家的偏远地区，根本没有恒温箱，那里的父母们只能就地取材，例如，在早产儿身体周围绑上热水壶，或将早产儿放在灯泡下获得温暖。这些方法不仅效果差，而且非常不安全。

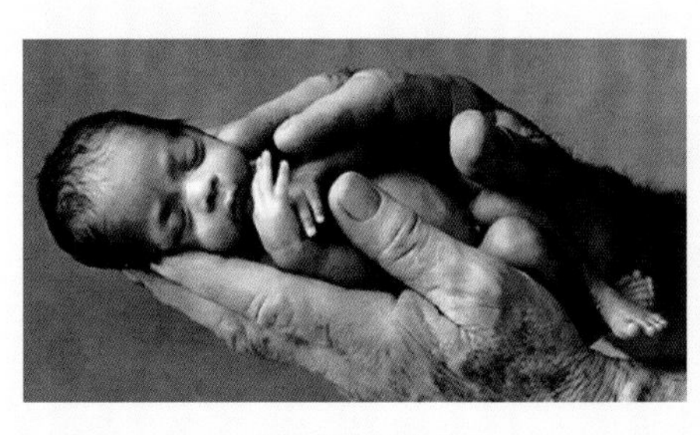

图4-5 早产儿

起初J去印度时，遇到当地的一位年轻女性S。她刚生下一个瘦小的早产儿，村里的诊所医生建议她带孩子去市医院用恒温箱，但去医院要花4个多小时，且价格高昂，S只能放弃，于是，她的宝宝去世了。这些类似的故事让J和她的团队意识到，由于印度偏远地区的妇女支付不起医院的

图4-6 产品

高科技恒温箱费用，或者不能长时间离开家庭，他们需要找到一个低成本、适合当地实际情况的解决方案。设计的产品必须是低成本、便携式、可重复使用、易操作的，而且能够在没有持续供电的情况下继续运行。

J和她的团队设计出来的产品看起来不像一个恒温箱，而像是一种婴儿睡袋（图4-6）。这种产品可以完全打开，而且防水。最神奇的地方就是她们采用了一种形似蜡的材料，熔点为人体体温37℃，用热水就可以把它融化。当它融化时，它将保持恒定的温度，每次维持4～6小时，之后可以对睡袋再加热，致力于为婴儿营造一个温暖的小环境。为了测试产品，2009年J前往印度生活和工作，她多次造访当地的医生、母亲、诊所，收集妇女们使用产品的反馈情况，以确保产品能满足当地的要求。例如，当地的妇女对西方的治疗手段缺乏信任感，如果给她们的孩子开西药，她们会担心剂量过多而自主减半。如果她们被告知婴儿温度要保持在98℉，那么她们会保持低于98℉。因此，J和她的团队将数字温度计替换成简单的红光和绿光，以此判断产品温度是否适当。此外，设计团队还充分考虑了母婴皮肤接触、母乳喂养、家属加热水及更换蜡袋等问题。他们将2010年产品的目标价格定为每个25美元，不到传统恒温箱价格的0.1%。

作为全球“设计思考”的经典案例，J谈起这个设计概念却相当务实：“本质就是以使用者为核心，还有持续制作原型。”她表示，一切的开端都来自“了解使用者是谁”，以及持续不断地测试原型。团队为此下了很大的功夫，也在乡野调研上投入了大量时间。要知道，J的全体团队都是新生儿领域的门外汉，没有任何一个人具有医疗专业背景，该团队在印度开创的第一年，为了获得当地医生对产品使用的回馈，他们按当地的黄页查询诊所资讯，一间一间去拜访。在持续、反复地测试与调整过程中，他们设计的产品能够保持合适的温度长达8个小时，而且在此之后，还可以更换材料，不间断地为婴儿提供一个取暖环境。在设计中，他们急用户之所急，想用户之所想，了解用户的需求，让真正的顾客（使用者）来测试产品原型，他们反复测试产品，积极面对失败，并努力挖掘问题的根源，寻找最简单的方法来解决问题。正是这样的坚持，J和她的团队已深入全球 22 个国家，拯救了超过 30 万名婴儿的生命。

“30个圈”的设计

“30个圈”是一个可以通过头脑风暴，培养设计思维能力的训练。通过在30个圆圈的里面或外面添加几笔，可以画出西瓜、篮球、桌球、动漫角色、交通标志、品牌LOGO、硬币等不同的事物（图4-7）。

这种设计训练非常适合设计初学者，既可以个人独立完成，也可以小组合作共同完成。通常可以设定完成时间为5分钟，采用手绘或电脑绘图的方式完成，看看能画出多少个不同的事物，以此培养学生的想象力与发散思维能力。

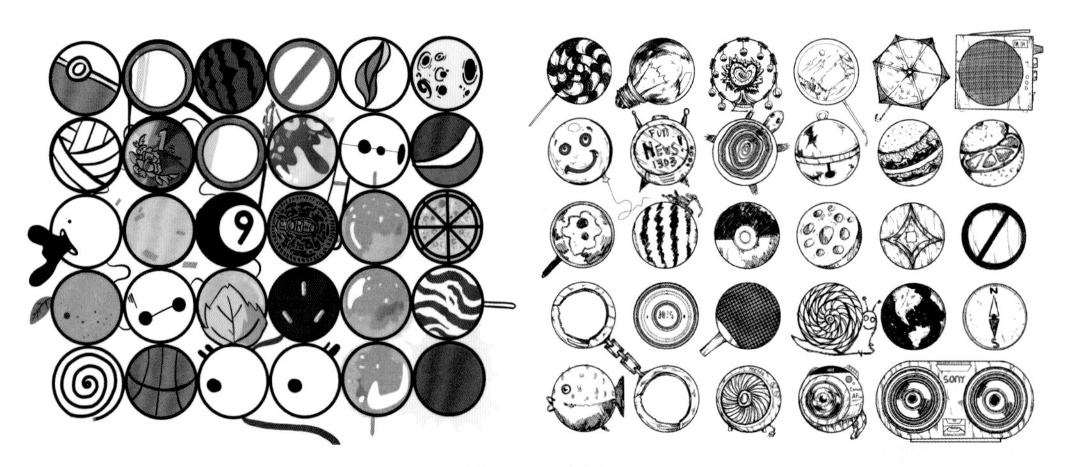

图4-7 30个圈

第二节 服装设计思维的分类

设计思维，是服装设计创造活动的核心。现代服装设计行业竞争越来越激烈，服装设计师需要不断地推陈出新，以满足市场需求。这就需要服装设计师具备敏捷活跃的设计思维能力来适应瞬息万变的市场潮流变化。

服装设计思维指构想、计划或实施一个服装制作方案的过程，涉及分析、综合、想象，其类别主要有正向设计思维、逆向设计思维、联想设计思维、发散设计思维、聚合设计思维和无理设计思维。

一、正向设计思维

正向设计思维又称常规设计思维，顾名思义，它是一种人们在日常生活中自然形成的惯性思维方式，也是一种常见的思维方式。正向设计思维是直接发现问题，并从正面直接寻找解决问题方法的思维方式。例如，为身材娇小的女孩进行服装设计的时候，可以通过控制服装的衣长、穿着方式及搭配方法，达到修饰身材的目的。

在采用这种设计思维方式时，可以运用缺点列举法、希望点列举法等方式正面解决问题。缺点列举法是指通过调查、分析现有事物的缺点，罗列出可改进之处，再进行产品的改良设计。希望点列举法则是从社会需要或个人需求出发，将期望转为明确的创新设计，而不是简单地改良。前者围绕原事物的缺陷进行改良设计，是一种被动型的创新方法；后者则是从意愿出发，提出新的设想，是一种主动型的创新方法。

二、逆向设计思维

逆向设计思维的创意处于一个意料之外、情理之中的理想状态，既非墨守成规、毫无新意，也非新奇前卫、难以理解。逆向设计思维最宝贵的价值是它对人们现有认识的不断挑战，对现有事物认识的不断深化。

逆向设计思维是一种反向思考问题的思维方式，采用反常规的方法去解决问题，这种思维方式有助于打破常规的设计思路，通常能带来意想不到的设计效果，在服装设计中颇为常见。不过，在现实中不存在绝对的反向思维，因此，逆向设计思维与正向设计思维既是对立的也是可以相互转化的。如今，越来越多的人开始追求服饰个性化，求新求异，设计师们也开始大胆颠覆传统，顺应人们的求异心理，创造出新颖的设计作品。三宅一生（Issey Miyake）便是一位敢于向传统提出挑战的设计师，在服装结构上，他摆脱了西方传统的强调感官刺激和夸张的丰乳细腰的人体曲线的追求，开创了无结构模式设计，追求服装给予着装者的自然、自由、自如之感（图4-8）。

逆向设计思维可以细分为逆转型、换位思考型与缺点型三种类别。

图4-8 三宅一生设计作品

（一）逆转型思维

逆转型思维是从已知事物的相反方向进行思考的一种思维方式，一般从事物的功能、结构、因果关系三个方面进行反向思考。例如，当人们追求华丽和夸张的服装造型，满足自己的审美心理后，又势必会转而追求简约和朴实的新体验，这就是流行的逆转型思维模式。在20世纪初期的西方，依然沿袭着依靠紧身胸衣与裙撑挤压身体器官而达到塑造女性S曲线的传统。设计师香奈尔则反其道而行之，创造出一种管状式（直筒形）外观，掀起“男孩风貌”的流行。

在普通人的认知里，婚纱通常为白色的裙装，然而，著名华裔设计师王薇薇（Vera Wang）的婚纱作品不仅创造性地采用裸色、黑色，还将西服元素用于女性的婚礼服设计。随着科技的发展，材料也越来越多样化。设计师艾里斯·范·荷本（Iris van Herpen）常常颠覆人们对传统服装材料、技术工艺的认知。从宛如珊瑚礁般的裙摆，到如鳞片般张开的、密密麻麻的透明三角形装饰，再到其同名品牌2011年秋冬高级定制系列中由中国超模刘雯演绎的白色“骨骼装”，夸张、硬朗、异想天开的轮廓与造型，极致繁复的工艺，颠覆了人们对于“服装”的固有印象。

此外，以前在大多数人的认知里，睡衣是一种家居服饰，质地柔和，穿着舒适，能让人们在家里得到身心放松。继1990年麦当娜在巡演中穿着时装大师让-保罗·高提耶的锥形胸罩之后，这种内衣外穿在近几年被秀场各大品牌青睐，睡衣外穿也开始成为时尚流行。在2017年春夏纽约秀场上，各大品牌也根据各自的风格主题，演绎出不同的睡衣风。纽约当红华裔设计师亚历山大·王（Alexander Wang，中文名王大仁）采用蕾丝与涤纶面料，将性感与休闲运动风格结合，设计师塔达希（Tadashi Shoji）则将睡衣风吊带裙变为礼服，高贵又华丽（图4-9）。

图4-9 睡衣风

（二）换位思考型思维

换位思考型思维指在研究某问题时受阻，转换思考角度或转向另一种手段去尝试，使问题得到解决的思维方式。户外品牌巴塔哥尼亚（Patagonia）曾刊登广告标语“不要买这件夹克”（图4-10），震惊全球。要知道，每年11月大采购期间，所有商场都会采取打折促销的策略吸引消费群体。巴塔哥尼亚却花重金，刊登这则不要购买自家夹克的广告，鼓励人们不要购买任何东西，不做无谓浪费的购物，并在当天关闭了实体店和网店，不出售任何产品。

图4-10 巴塔哥尼亚广告标语

虽然巴塔哥尼亚的这则广告对人们疯狂采购的行为并没有带来多大的影响，但却引起了人们的广泛讨论。之后巴塔哥尼亚不断发起环保概念活动，拥有耐穿、高品质服装的巴塔哥尼亚鼓励“少买”，劝说人们不要扔掉可以修补和使用的服装，并且免费为人们提供修补旧衣物的服务等。随着绿色消费观念的盛行，巴塔哥尼亚的品牌理念受到了越来越多消费者的认同和欣赏。这些举措让人们认为巴塔哥尼亚是一个热爱户外、热爱大自然、有责任感的公司。巴塔哥尼亚不仅树立了良好的品牌形象和口碑，使它在众多同类品牌中脱颖而出，也为巴塔哥尼亚的利润带来了翻倍增长。

（三）缺点型思维

缺点型思维指将事物的缺点变为可以利用的东西，是一种化弊为利的思维方式。在信息化时代，废旧的电子产品产生了许多无法被降解的垃圾，这成为全球性的环境问题。2020年某高校毕业生围绕这一主题，进行大胆创意构思。她利用一些废旧的电子元件的电线，手工制成蕾丝连衣裙、荷叶边大衣、背心和许多趣味性的配饰，用废弃面料制成女式衬衫（图4-11），这引起了人们的广泛关注，增强了人们保护环境、节约资源的意识。此外，不少设计师将废旧衣物改造成新衣或实用的背包、坐垫，或运用再生金属设计前卫的颈圈和耳环，创造出许多令人耳目一新的时尚单品。

有时采用破洞镂空、故意做出粗糙的线迹，露出衬布、毛边，又或有意暴露服装内部结构，将服装设计成“未完成”状态，反而塑造出独特、有趣、个性、时尚的形象，让人们产生耳目一新的感觉。此外，半截式绣花字母与长短不一的流苏组合，也可打造出一种“未完成”的艺术美感（图4-12）。

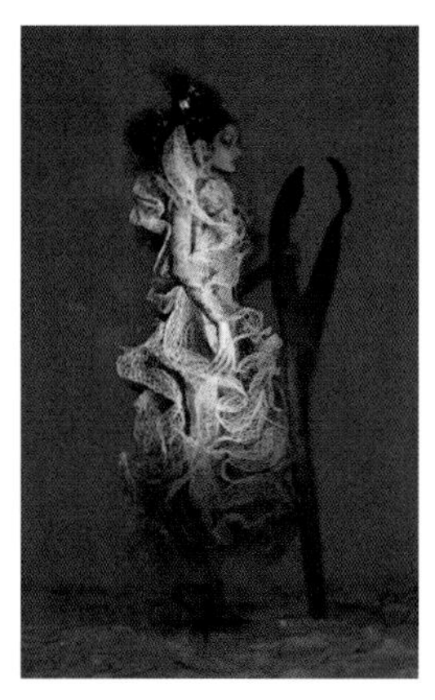

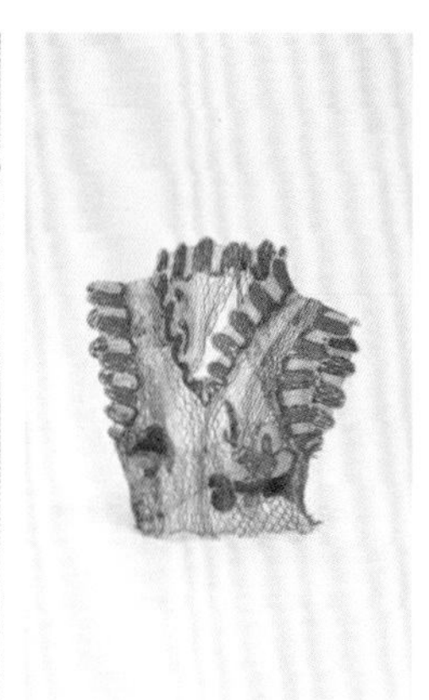

图4-11 利用废旧电子元件的电线进行设计表现

图4-12 缺点型设计

三、联想设计思维

爱因斯坦曾言“联想比知识更重要，因为知识有限，而联想可以概括世界一切”。这句话足见联想的重要性。联想是一种线性思维方式，它始终贯穿人类的文化、科学、艺术等方面的发展。联想设计思维是以某个观念、某个事物或某种现象为出发点，展开直接或间接的想象，不断延续和深化，形成新的思维方式。由于每个人的思想性格、生活阅历、审美情趣、文化水平、艺术修养等不同，即使是面对同一事物，也会在人的头脑中产生不同的联想，最终形成不同的设计结果。例如，20世纪初，现代主义运动中荷兰“风格派”的中坚人物、几何抽象画派的先驱——皮特·科内利斯·蒙德里安（Piet Cornelies Mondrian），他的绘画作品对同时代设计师、艺术家及后世影响较为深远（图4-13）。

例如，在家具设计方面，20世纪初期，格里特·托马斯·里特维尔德（Gerrit Thomas Rietveld）设计出著名的红蓝椅。在时装界，法国时装设计师伊夫·圣罗兰于1965年采用拼接的方式设计出经典的蒙德里安裙（Mondrian Dress），形成抽象几何的视觉效果。此外，蒙德里安的几何抽象形式与色彩表达，在现代室内设计、家居设计、产品设计等诸多方面也有不同表现。可见，在不同的设计领域，对同一事物会产生不同的联想，形成不同的设计结果。甚至，即使是同一设计领域，对同一事物也会产生不同的联想，设计出不同的作品。

图4-13 蒙德里安及其代表作

同样以蒙德里安为例，知名服装设计师缪西娅·普拉达（Miuccia Prada）在2011年米兰秋冬时装周上发布的普拉达系列服装便借鉴了伊夫·圣罗兰的蒙德里安裙，普拉达品牌以低腰、直筒廓型，配以宽腰带、蟒皮图案、皮草等设计，塑造出新时代的女性形象。与普拉达推出的设计作品不同，2015年，法国知名品牌巴尔曼（Balmain）则是以修身的线条、大胆的色调来表现女性的优雅，其系列服装采用了皮革、流行的透明尼龙针织面料，并用水晶材料拼接成蒙德里安抽象绘画风格的裙装（图4-14）。

早在古希腊时期，伟大的哲学家、科学家、教育家——亚里士多德将联想归纳为相似联想、对比联想和接近联想三种类型。

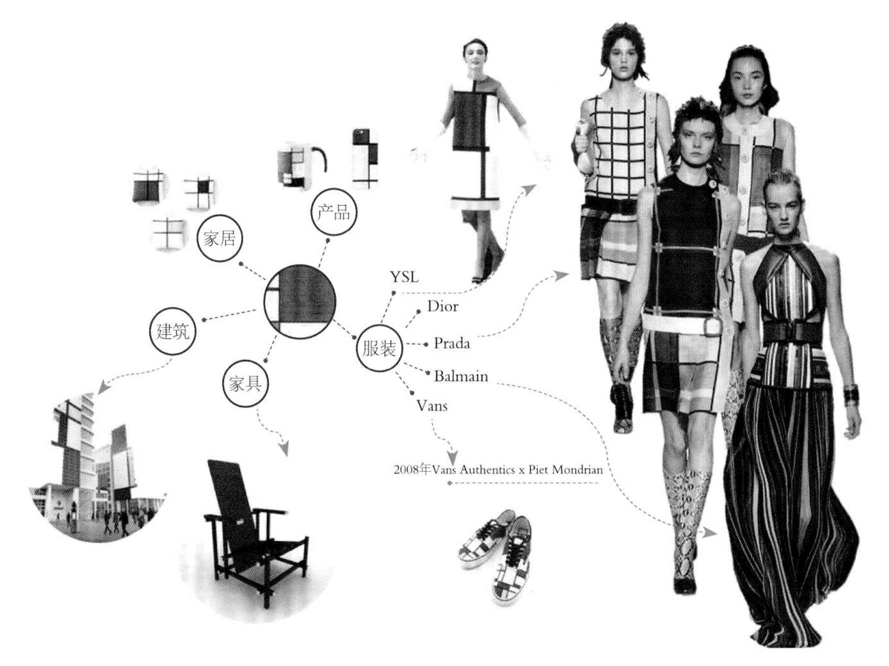

图4-14 以蒙德里安作品展开联想的设计

（一）相似联想

相似联想是由一事物的触发而引起与该事物在形态、性质、内容等方面构成相似的另一事物的联想。相似联想可分为形似联想和神似联想。形似联想是由于事物外形上的相似而产生的联想。神似联想是由于事物在精神、品性、气质、情调等方面的相似而产生的联想。

人们对自然的模仿现象存在已久，随着社会的发展，人们通过服装结构、色彩、材料等方面的模仿，创造出一批又一批迎合大众审美的流行服饰。例如，清代龙袍马蹄袖的袖口形似马蹄，袖身窄小，袖口呈弧形曲线，可以覆盖手背。又如设计师克里斯汀・迪奥先生推出了郁金香造型的服装（图4–15），整个服装外轮廓很像郁金花的形状。

（二）对比联想

对比联想是由某一事物的感受而引起和它相反感受的事物的联想，也可以称为逆向联想或相反联想。例如，1966 年设计师伊夫・圣罗兰为女性设计的吸烟装，打破了元素使用的边界，并产生强烈的对比联想（图4–16）。

图4–15　郁金香造型服装

图4–16　左图为1966年的吸烟装手稿，右图是后来以其为原型的再次设计

（三）接近联想

接近联想是依据事物在空间或时间上的接近而构成的联想，即日常生活的经验经常联系在一起，形成巩固的条件反射，于是由此联想到彼，而引起情绪反应。例如，中国古代文人喜画梅兰，由梅之傲雪、兰之幽香，使人联想到君子独立不迁、贫贱不移。在乔治・阿玛尼（Giorgio Armani）2015年春夏高级定制系列中，设计师受亚洲元素的影响，以竹子为设计灵感，在真丝外套上采用竹子印花图案，搭配飘逸的透明丝织裙裤，或是采用提花、压

花、刺绣等工艺进行裙装设计。棕褐色的竹竿、青绿色的竹叶，构成了该系列的美丽亮点（图4-17）。

图4-17 阿玛尼2015年春夏高级定制系列

四、发散设计思维

发散设计思维是从某个信息、某个对象或某个问题出发，进行多个方向、多个角度、多个层次的思考，并以此产生多种解决问题的思维方式。它主要用于服装设计构思的初期阶段，是展开思路、发挥想象、寻求尽可能多的设计想法的有效手段。发散设计思维以某个点为中心，从一级发散到二级，再从二级发散到三级、四级……呈放射状表现（图4-18）。发散设计思维是一种开放的、没有固定模式或方向的思维方式，发散得越广、越多，设计构思方案的出现也越多。

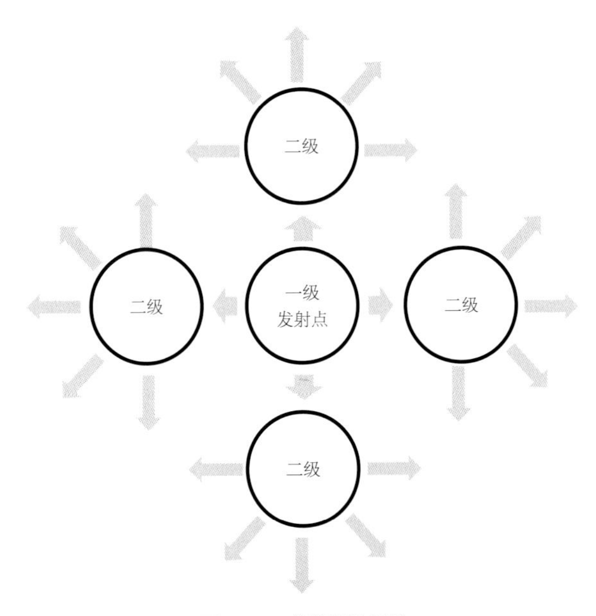

图4-18 发散设计思维

法国服装设计师克里斯汀·迪奥在1947年新风貌后，相继推出的翼型、Z型、酒桶型等女装，1955年又推出了影响至今的A型、Y型女装，1956年在H型基础上发展设计了箭型女装，可谓开展了一系列“型”的探索。

五、聚合设计思维

聚合设计思维是指在掌握了一定材料和信息的基础上，进行资料的整理、归纳，并运用已有的资料，集中朝一个（或一些）目标进行深入思考，从而解决问题的思维方式。由于这种思维方式与发散设计思维的状态相反，聚合设计思维注重理性，思维要求聚拢，发散设计思维强调感性，思维要求放开（图4-19）。从思维的行进方向上来讲，聚合设计思维是朝着一个方向汇集的思维过程，呈现聚敛状态，因此也被称为集中思维或收敛思维。聚合设计思维往往适用于设计构思的中后期阶段，当发散思维提出多种假设之后，聚合思维能够发挥其分析、归纳、推理、判断等方面的优势，从众多假设中挑选最佳、最可行的设计方案。在服装设计过程中，理性与感性缺一不可，聚合与发散相辅相成。

2012年是中国的龙年，龙的神性与吉祥之意不仅代表传统习俗，更是一种精神的鼓舞与激励。为了呼应“龙”的主题，中国某设计师团队以“龙”这个极具中国年含义的精神图腾作为设计的灵感，为北京电视台主持人们量身设计了“龙之临”系列服装。有的设计理念来源于飞腾的火龙，暗藏着风与火的气势，既有其吉祥的本意，也寓意中国文化经济的崛起，抒发了中国人对新年、对未来的美好企盼；有的采用龙字体的设计理念，融入书法线条的动感，并运用龙鳞流彩质感的面料；有的则运用金属质感的流苏面料，采用简洁的结构，龙身被塑造成一种现代感的抽象形式。在这一系列服装的创意设计中，设计团队始终以寻找“龙”与服装的切合点为思路，对其整合，朝着这一个目标深入构想，呈现收敛状态。

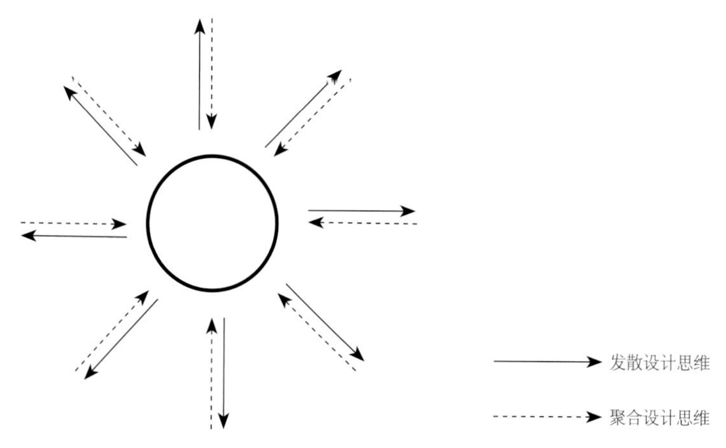

图4-19 发散设计思维与聚合设计思维的关系

六、无理设计思维

无理设计思维是指打破思维的合理性，进行一些看似不太合理的思考，从不合理中寻找设计灵感和突破点，整理出合理的部分进行设计的思维方法。这是违背常理的一种设计思维，在看似“不合理”中寻找设计的合理性。例如，牛仔、针织类服装设计中常见破洞的细节表现，这种破坏服装材料的处理，有一种残缺的美感，能凸显着装者不羁的个性，有一些张扬之感（图4-20）。牛仔服装设计若将破洞与深浅不一的洗水效果相结合，能形成更丰富的视觉效果。

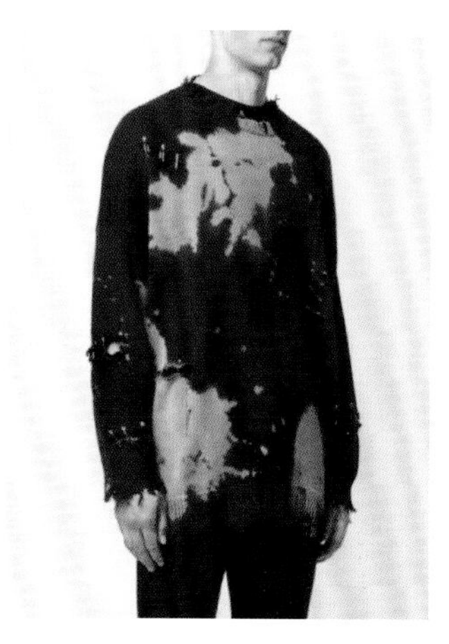

图4-20 破洞设计

在文艺复兴时期，为了表现着装者高傲尊贵的姿态，出现了套在颈部，却不利于头部活动的拉夫领，以及突出男子上身宽阔、下身挺拔的“方箱型”填充装饰等，这些看上去没有道理的设计元素，呈现出一种新奇的服装外观。在华伦天奴2016年秋冬高级定制系列中，设计师对拉夫领、切口装饰等历史上“不合理”的设计进行了现代创新与运用。

日本设计师川久保玲（Rei Kawakubo）的作品似乎一直走在与流行相反的道路上，她向时尚界提出挑战，其服装在造型、比例上展现出极度的自由，犹如移动的巨大的雕塑作品。川久保玲2017年春夏女装系列发布会展示了极为夸张的造型设计，有苏格兰格子面料制作的宽大的裙、巨大的黑白波点图案外套、彼得潘领的女学生裙……着装者仿佛陷进了一个巨大的圆形光盘里（图4-21）。她的作品表面看上去具有一种破坏性，因扭曲人体部位而呈现起伏和转折，但实际上她关心服装在穿着时的形状和比例，追求极度自由。

图4-21 川久保玲2017年春夏女装系列

第三节 服装设计实践

服装设计是人的创造性思维的体现，是极具个性化情感特征的个体行为。作为设计初学者，应当在设计实践中自主探索、思考、分析，系统地进行思维训练，这样才能将理论知识内化为专业能力。本节将通过具体的设计实践案例，展现常见的服装设计方法。

一、从借鉴出发：案例《“符号”家族》系列

（一）设计主题（设计师：劳绮文，指导老师：严琴）

借鉴是学习、参考别人的经验，运用自己的智慧与能力，对已有造型进行有选择性地吸收融汇和巧妙运用，形成新的设计方法。被借鉴的对象可以是绘画艺术作品、建筑、民间工艺等，凡是可以带来形、色、质等元素的一切事物，皆可为设计所用。《“符号”家族》系列是设计师以网络上多变的视觉表情符号为主要借鉴元素，展开一系列设计实践的成果。如今，网络表情成为传达人们情感与态度的符号，替代了文字表述，很好地拉近人们之间的距离，增加了亲密性。黄脸表情符号使用非常广泛，也成为服装设计的素材，如某些品牌在服装上添加表情符号徽章装饰，给原本单调的服装增加了趣味性（图4-22）。

图4-22 表情符号及其设计运用

（二）借鉴元素

该系列服装色彩与图案的设计受到儿童画、涂鸦墙的启示，童装主要采用高纯度色彩，

成人服装主要以白色为主，明黄色相衬，呼应童装的颜色，主题图案以黄脸表情符号为主，简笔画人物为辅，二者结合，相辅相成（图4-23）。

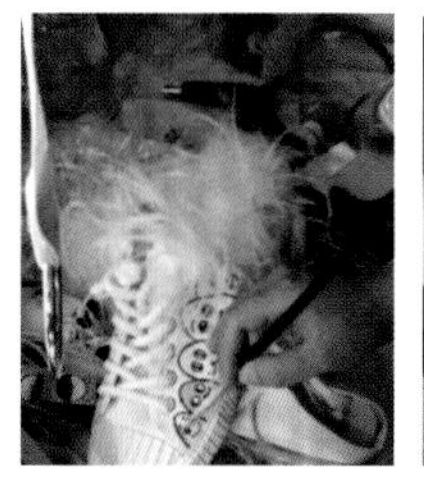
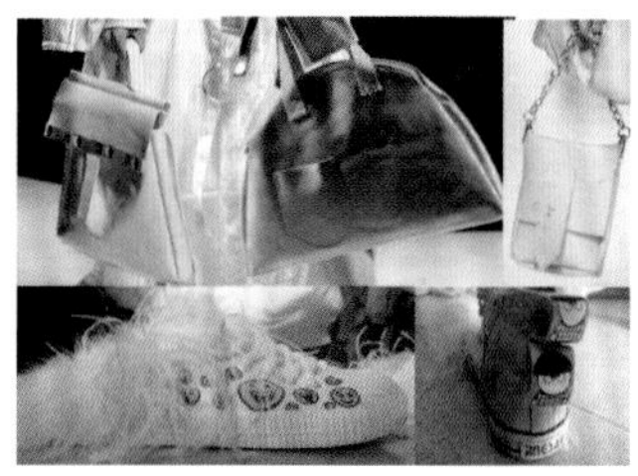

图4-23 图案的借鉴与制作

亲子装不是简单地将成人服装与童装进行拼凑。学生通过学习、参考成人装与童装的款式与局部造型，从中汲取创作设计的灵感。在本系列的款式设计上，主要有长款外套、马甲、高领卫衣、喇叭裤、蓬蓬裙、衬衫等。童装款马甲采用吊带设计，增加俏皮感（图4-24）。成人款的马甲则仿西服领，采用左右领不对称设计。两款马甲的面料均采用棉服面料，并以蓝色织带作为装饰。女童小外套与波点蓬蓬裙搭配，较好地体现了女生的活泼可爱。设计师利用拉链设计了可拆卸袖子的小外套，方便小朋友热时拆卸。

图4-24 《“符号”家族》系列服装实物

（三）设计师访谈

问：在这个系列中，你借鉴了哪些元素？

答：主要是网络上的表情符号图案，还有小朋友们的儿童画、简笔画表情、彩绘涂鸦等，另外，童装与成人服装的款式可以相互借鉴。

问：怎么会想到借鉴这些元素？

答：其实这些元素都来源于我的日常生活。我发现，现在大家在网络聊天时特别喜欢使用表情。这些表情有时比文字更能表达心情与感受。另外，我在大学期间，常利用周末时间去少儿美术机构兼职，通过与小朋友们的接触，发现儿童对于色彩的运用令人惊喜。他们完全凭借自己的直觉去涂色，用色极为大胆，色彩对比极为强烈，我将这些元素都融入我的系列设计之中，希望能给人一种愉悦的视觉享受。

问：在整个设计过程中，你有什么感受？

答：将元素直接移入服装、包袋、鞋帽、装饰品上，看上去感觉很简单，但是这种直接移用的设计手法，切忌生搬硬套，元素之间要相互协调，避免混乱，这样呈现的服装才具有整体感、系列感。

二、从工艺出发：案例《融意》系列

（一）设计主题（设计师：黄小琪，指导老师：肖劲蓉）

“融意”是指冬天即将逝去时雪融化的过程及意境。白茫茫的积雪渐渐消融，滑过大地，留下痕迹，大地容颜得以悄悄展开。设计师在作品中运用羽绒面料以及不同粗细、形态、颜色的毛线，结合钩编工艺等，塑造面料的肌理，灵活表现积雪融化的不同意境。《融意》系列分为“寂静”“初融”“瞬间”“分界”“苏醒”五个部分，主要以浅灰蓝和白色为主，表现雪境，加以少许灰粉色系（黛紫色、沙砾色、浅灰色、浅粉蓝色、肉粉色、浅紫色）点缀，表达一种万物即将苏醒，隐约露出大地容颜的意境。

（二）工艺表现

设计师通过研究潮汕手工钩针编结、爱尔兰钩针编织与突尼斯钩针编织三种工艺，力求在传统编织工艺的基础上加以创新。

潮汕手工钩针编结俗称手钩花，是广东潮汕地区传统的民间工艺，通常用来织桌布、杯垫等实用性装饰品，也可钩织小外套、小背心、小手包等日常服饰用品。爱尔兰钩针编织以典雅、细腻、高贵及奢华的花样在早期的欧洲十分盛行，其花样以植物为主，在钩织的过程中加入线芯，将织物的花瓣层层叠加，塑造出栩栩如生的立体效果。突尼斯钩针编织是一种较为特殊的钩织工艺，相对于其他钩织工艺而言，表面平整，紧密度极高，常常运用于地毯、毯子、配饰及家具用品（图4-25）。

通过钩编工艺，服装仿佛呈现出大地覆盖着厚厚的积雪，冰川与雪交融的画面。衣身上堆积和缠绕的毛线，主要以白色为主，高筒领的黛紫色与沙砾色犹如天空的颜色，较平整的浅色马海毛以荷叶边的形态堆积，毛线厚实地堆积和编织，结合粗毛线的流苏边与钩

图4-25 爱尔兰钩针编织、潮汕手工钩针编结及突尼斯钩针编织

编小球，犹如被打散的积雪。裙摆上面的褶饰与上半身毛线形成紧与松、重与轻的对比。服装袖子上的钩编组织变化多样且颜色丰富，运用了锁针、长短针的立体钩编方法。除了棉质蜡绳以外，还运用了细毛线和马海毛进行相互交错编织（图4-26）。

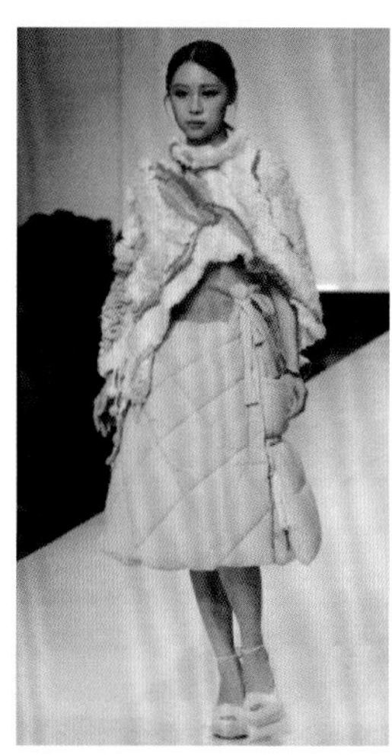

图4-26 《融意》系列服装实物

（三）设计师访谈

问：你是如何展开这个设计项目的？

答：我母亲是很贤惠的潮汕人，她擅长做手工，能灵活地运用钩针钩出一件件精致的小花领，那时我就被吸引，觉得这种传统手工艺能运用到我的毕业作品中，所以跟着母亲学了一段时间，在学习的过程中我们不断讨论。另外，我还专门研究了针织服装的流行趋势、针织服装市场、针织工厂生产流程，这些对我后期的设计实践都很有帮助，受益匪浅。

问：在这个系列中你尝试了哪些材料？

答：主要采用针织网布作为服装的基底布，用毛线及钩编织物将其覆盖住。我尝试了很多棉线、毛线，最终选择了100%羊毛线、混纺毛线、化纤毛线、马海毛线等（图4-27）。通过不同粗细的毛线编织，塑造出雪的不同肌理效果。在钩编织物中还采用了棉质蜡绳、雪纺织带及棉线。此外，我还选用了防水羽绒面料和一款复合纱面料，塑造出若隐若现的视觉效果。

图4-27 主要材料

问：你主要选择了哪些工艺去实现设计？

答：主要是钩编工艺，融入一些手编织法。利用钩针钩编出来的织物，其镂空的组织结构、凹凸不平的立体表面具有很强的艺术效果。同时，它也具有灵活性，钩针大小、纱线粗细、组织结构疏密、编织时的力度及控制，都能产生不同的视觉效果，我希望通过钩针、编织等丰富的设计语言，达到传播和推广手工钩针编织艺术文化的目的。另外，我还采用了手工压褶工艺，塑造一种不规则的立体褶装，强化面料的造型及肌理效果。

问：你是如何进行系列拓展的？

答：在设计过程中不断接触、尝试新事物，例如，看看新的工艺，观察秀场上设计师是如何玩转这些工艺的。我觉得设计不一定从头到尾都要遵循最初的设计稿，因为我们往往会在具体的实践过程中，产生一些新创意，促使我们不断去完善它。

三、从情感出发：案例《本草纲目》系列

（一）设计主题（设计师：邓岚丹，指导老师：叶永敏）

该设计灵感来源于设计师的童年记忆，爷爷和奶奶在她小时候便教会她一些关于草药的用处，告诉她“草木”在大自然中无处不在，可以治病养生。设计行为经常受到情感的支配。在这个系列设计开始之前，设计师翻阅了李时珍著作《本草纲目》，通过对这本明朝

典籍中草药形态描述的理解，结合中国明朝服饰结构、传统手工技艺等，展开了一系列的设计探索。

（二）情感的转化

为了更好地将传统文化与现代时尚结合，设计师尝试将草本植物图案与传统手绣工艺进行融合。首先，重点分析了荭草、合欢、蒺藜和当归在成药前的形态（图4-28），然后通过不同的手工刺绣针法，一针一线生动地将草本植物作为图案“描绘”在面料上。荭草茎直立生长，密集的花蕾长在茎末端，形态优美且极具感染力，其叶片、花蕾、枝和茎分别使用飞鸟绣、打籽绣和回针绣。合欢的红色花蕾盛开于枝头，选用长短针的方式表现针状花蕾，花托用经纬编织绣。蒺藜多分枝，通常以3片椭圆形叶子为一组，茎末端开花，选用丝带绣表现花瓣，回针绣表现枝的形态，飞鸟绣表现叶片。当归的直茎约1米呈放射状分枝，枝末端有点点花蕊，天真烂漫，采用分离式链绣、回针绣、打籽绣的针法分别表现其茎、枝与花蕊。

图4-28 荭草、合欢、蒺藜、当归

为了展现女子淡泊、清高、正直的人格和清秀俊逸如竹子的翩翩君子气质，设计师采用当时流行的静谧蓝为主色，搭配清新的米白色，突出淡雅脱俗的意境，选用微微反光的缎纹面料和清爽舒适的苎麻面料，一方面有效塑造光泽柔和的视觉效果和服装挺括的廓型；另一方面能给人带来质朴、优雅、愉悦的感觉。

在款式设计方面，以明朝服饰为原型，进行现代创新设计。第一套服装是两件式。其外套款式采用左右交叠的立领，胸前的圆形事先独立机缝，完成打褶之后再与衣身拼接，衣身的左右前片长至脚面，从腰部至脚面沿门襟镂空，露出内搭的百褶连衣裙。连衣裙的前片腰部分割线以下和整幅背部的面料进行压褶工艺处理，模特穿着后会有律动感，为外套干练的线条添加一丝柔美（图4-29）。整套服装流畅、清晰的造型显现出君子的非

图4-29 《本草纲目》系列服装实物

凡风范。另一套服装的款式相对简约，透露着清爽俊逸的文人墨客气质。廓型为Y型设计，只需要将两片简单的平面纸样进行复制即可完成，内搭长袖的百褶连衣裙，裙摆两侧为拼接压褶裁片。服装正面用棉线绣有植物“当归”，背面绣有文字，表达设计师的个人情感。

（三）设计师访谈

问：将系列作品命名为《本草纲目》是出于怎样的考量？

答：我爷爷很注重养生，在我很小的时候就教我一些草药的知识，草药的气息与草药的形态激发了我对于草药在成药以前形态的探索。我将自己从《本草纲目》中体会到的人生哲理与个人情感融入服装的形式语言中，希望通过利落的剪裁与草本图案的碰撞达到一种“治愈”的目的，这种治愈不针对身体疾病，而是利用时尚进行一次心灵情感的洗涤，最终沉淀，回归原本，体现一种正能量的生活态度。

问：你是如何将这种情感转化成系列设计的呢?

答：首先，我在明朝李时珍著作的《本草纲目》中提取不同草药的形态特征，作为图案元素；然后，确定服装的廓型，并以我国明朝服装造型为灵感来源，提取出交领右衽、褒衣广袖、系带隐扣等造型和工艺；最后，结合一些传统手绣进行服装的细节表现，如打籽绣、飞鸟绣、经纬编织绣、丝带绣、轮廓绣、锁链绣、卷针绣、豆针绣等。在整个设计实践中，感触最深的还是手绣。在手绣的过程中，每一针的力度要控制均衡，否则绣片会不平服，从而影响服装的质感。总之，手绣者要做到“心中有物才能手到物来”。

四、从装饰出发：案例《人鱼姬》

（一）设计主题（设计师：唐运彩、陈淑贞，指导老师：严琴）

人鱼传说是很多女孩心中美好的童话，设计师的灵感就来源于小时候看的一部动画片，故事讲述的是七大海洋的公主集合在一起，来到人类世界寻找人类的守护者，联合人类的力量一起守护自己的海洋。设计师创作设定的这位海洋守护者——人鱼姬，将化身为人类的形象来到人类世界，与人类一起净化海洋。

（二）装饰表现

在色彩设计上，设计师选择了蓝色调，赋予礼服深海的幽静魅力。在款式上选择了鱼尾裙，面料以薄纱为主，进行不同层次的叠加。色彩也由浅至深，仿佛海水一般慢慢变深，打造若隐若现的视觉效果。设计的重心主要表现在装饰设计上。礼服的主要装饰材料有花边、亮片、珍珠、羽毛等，尤其是具有反光效果的水光蓝亮片，犹如波光粼粼的水面一样。礼服以贴花边和绣亮片为主要装饰方式，结合立体裁剪的方法，实现理想的造型（图4-30）。

（三）设计师访谈

问：你们是如何展开这个设计项目的?

答：当时我们直接采用服装面料进行立体裁剪，一个人负责上衣身的制作，一个人负责裙身的制作。当然，我们也经历了几次失败。起初，我们按照款式效果图的装饰表现去制作，仅上衣就做了三次。第一次是因为抹胸位置的装饰效果太厚重、太突兀，不得不进行调整。第二次我们采用立体花卉装饰，但立体花的质感和效果都不太好，于是放弃。最后，我们挑选了很久才找到一种水光色的亮片，符合我们的预期效果，于是我们将它与花边一起加工，使装饰效果更加协调。

图4-30 《人鱼姬》服装实物

问：在项目实施的过程中，遇到不同看法，你们是如何解决的？

答：遇到意见不同的时候，我们并没有一意孤行，而是客观分析、讨论。例如，在装饰上，我们会尝试不同的位置，思考哪个装饰效果更好。其实在制作过程中，有不同的意见是很正常的，两个人一起商量、讨论，最终调整出来的效果往往会更好。

问：如何看待立体裁剪与平面裁剪？

答：与平面裁剪相比，立体裁剪的最大优势是，在立体裁剪时，你可以直接在人台上进行创意结构的探索，更便捷、快速地调整，塑造你想要的服装设计造型，而且可以更直观地看到服装在人体上的表现。

第五章

服装的装饰设计

教学内容：概述；服装装饰设计表现；装饰设计案例。

单元学时：4学时（理论2学时/实训2学时）。

实训目的：了解服装装饰设计的作用；掌握服装装饰的分类及表达方式；通过实训加深对服装装饰设计的理解，加强常用服装装饰设计方法的运用，提高学生的思维敏捷性和设计创作的效率。

实训内容：1. 钉珠的练习；

2. 刺绣的练习；

3. 服装装饰设计。

思政元素：中国传统服饰技艺与工匠精神；培养文化自信，树立正确的设计观、价值观；爱国主义教育等。

第一节　概述

一、服装装饰的概念

服装装饰是指对服装表面加以修饰、美化。服装装饰设计要求设计师具有高度的艺术修养、良好的审美能力、丰富的想象力、扎实的工艺基础以及一定的实践动手能力。独一无二的装饰，能赋予服装个性与独特魅力。装饰艺术不仅可以应用于批量生产的成衣，也能用于定制设计，成为艺术品。不管是哪种应用，都凝聚了设计师的智慧。即使在采用工业化生产、标准化操作的服装生产流水线上，一些注重品质的服装品牌依然会保留一些特殊的手工艺。

二、服装装饰的分类

服装装饰艺术随着现代技术、材料、审美需求等因素的改变而改变。在运用每一种装饰之前，必须思考其材料、工艺和所运用的工具。服装装饰可以从以下几个方面进行分类。

（一）按装饰部位分类

在服装设计中，衣身、领口、门襟、袖口、衣摆等地方都可以进行装饰设计（图5-1），服装装饰具体可以分为以下几种：

图5-1　装饰部位

（1）胸饰：胸花、胸针、手巾、徽章等。

（2）腰饰：各种材质的腰带、腰链、腰牌等。

（3）手饰与臂饰：手镯、手套、手表、臂钏、袖章等。

（4）足饰：鞋、袜、脚链等。

（5）其他：发型、化妆、文身等。

（二）按装饰材料分类

材料决定了服装工艺，并最终影响服装的外观、功能和手感。除了常见的纺织品以外，皮革、金属、塑料、陶土等材料也能作为服装装饰材料。普拉达利用皮革编织、草编、麻绳衔接等方法，让该品牌的水桶包呈现出十分舒适惬意的度假风格。拼接式渔夫帽展现出别致的率性，添加了一丝新鲜感。同时，该品牌的雕花高跟鞋，其装饰让人联想到宫廷城堡中石柱与门廊栏杆上不可或缺的装饰元素，复古感十足，金属材质与皮革也能够很好地诠释当下由繁入简的现代设计（图5-2）。

图5-2 不同的装饰材料

（三）按装饰工艺分类

常见的服装装饰工艺有数码印花、扎染、蜡染、刺绣、编织、绗缝、手绘、镂空、拼接、缀饰、褶饰、立体花装饰、3D打印等。随着科技的进步，涌现出许多新工艺、新技术，并对很多传统工艺进行了改良。例如，机器编结逐渐代替手工编结，并且可以通过计算机编制程序实施完成。

（四）按生产制造分类

服装装饰根据生产制造可以划分为传统手工装饰和工业化装饰两种。一般传统手工装饰是由手工艺人单独完成，耗时长，数量少，常为佩戴者单独制作。工业化装饰一般采用标准化生产工艺，由流水线上多人共同完成，生产效率高，其产品面向一定数量的消费群。中国知名服装设计师郭培的作品大多采用传统手工艺完成，其中一件高级时装发布会上的衣服由100个刺绣工人花费50000个工时制作完成。

（五）按地域分类

中国、法国、印度等各个国家都拥有各自独特的装饰艺术表现（图5-3）。例如，中国的四大名绣，法国的法式刺绣等。若按具体的地域划分，我国服装装饰工艺可谓多种多样，以我国少数民族为例，我国少数民族特色服装装饰工艺可以按东北地区、西北地区、西南地区、中部地区、东南地区等不同区域进行划分，不同区域的少数民族服装的装饰工艺各有不同，即便是同一类型的装饰工艺，也极具地域特色。

图5-3 中国、法国、印度不同刺绣装饰设计

（六）按装饰风格分类

装饰设计应与服装整体风格协调，常见的装饰风格有田园风格、混搭风格、拜占庭风格、中式风格等。使用不同材料、不同工艺制作的服装或配饰会呈现出截然不同的风格。例如盘扣、扎染、蜡染等，都是典型的中国装饰工艺，各有特色。即使是同种设计元素，因采用不同的应用方法，最终却呈现出不同的设计风格，例如，旗袍上的盘扣装饰展现出十分浓郁的中国风，而西服上的盘扣装饰却很好地体现了现代服装设计风格（图5-4）。

图5-4 不同风格的盘扣装饰

第二节 服装装饰设计表现

服装装饰对于服装设计而言，有着特殊的意义。装饰可以是童装上充满童趣的图案，也可以是礼服上精美的钉珠刺绣。它可能是一款服装的点睛之笔，也可能是完善服装的必要因素。常见的服装装饰设计，可以分为以下几种。

一、直接印花

直接印花，指运用辊筒、圆网、丝网版等设备，将色浆或涂料直接印在面料上的一种图案制作方法。印花工艺表现力强，是现代服饰图案设计中常见的表现手法（图5-5）。印花工艺色彩丰富、纹样细致、层次多变，常见的印花方式有数码印花、胶印、丝网印花等。

数码印花制作精细、套色准确、色彩丰富、艺术效果多样、操作便捷。一般而言，先在面料上进行印花，再根据服装款式完成缝制。在特殊情况下，也可以先将服装制作好再进行印花。胶印常运用于T恤图案，而丝网印花适合表现整块纹样，一般色彩套数较少，适用于服装局部装饰的图案。丝网印花操作简单，适合在成品衣物上印刷。丝网印花需要先在蜡纸上画出设计稿，将油墨放在材料上，通过油墨辊将油墨均匀拉过，图案即可渗透到面料上，最后通过受热使之固色。多套色设计可使用不同色彩的多个丝网版印制完成。波普艺术最具代表性的画家——安迪·沃霍尔的许多作品就是采用丝网印刷的方法制作而成（图5-6）。丝网印花工艺也常应用于服装设计领域，为羊毛、丝绸与棉布增添了戏剧性色彩。如今，安迪·沃霍尔那种充满波普风格的图案依然能够激发当代设计师们创作的灵感（图5-7）。

图5-5 印花衬衫

图5-6 安迪·沃霍尔

图5-7 印花外套

二、防染印花

防染印花指在染色过程中，通过防染手段显示图案的一种工艺表现形式。在现代生活中多运用蜡染、扎染、夹染等印染的方法，这些也是人类较早掌握的材料加工工艺。蜡染、扎染和夹染至今仍盛行于我国西南少数民族地区，体现了我国少数民族单纯、质朴的人文精神和文化内涵。如今，蜡染、扎染等手工艺也深受消费者们的喜爱。

（一）蜡染

蜡染作为我国古老的防染工艺，有着悠久的文化历史。蜡染，古称蜡缬，又称“蜡防染色”，属于防染染色方法之一。蜡染是以蜂蜡调白蜡作为防染剂，在白布上描绘图案，然后入染、除蜡，最终在蓝底上显出白色花纹。蜡染有单色染和复色染两种，复色染有套色到四五色的，由于不同的颜色容易互相浸润，因此能产生丰富而奇妙的效果。

❶ 蜡染工具与材料

目前常用的蜡料有：黑蜡、蜂蜡、石蜡、混合蜡等。蜡染绘画工具是一种自制的铜刀，因为用毛笔蘸蜡容易冷却凝固，而铜制的画刀便于保温，这种铜刀是用两片或多片形状相同的薄铜片组成，刀口微开而中间略空，易于蘸蜡（图5-8）。绘画时，根据对各种线条的不同表现需要，选择不同规格的铜刀，铜刀一般有半圆形、三角形、斧形等。原始的蜡染材料是粗棉布，如今，蜡染材料还包括麻布、绢丝、化纤面料等。

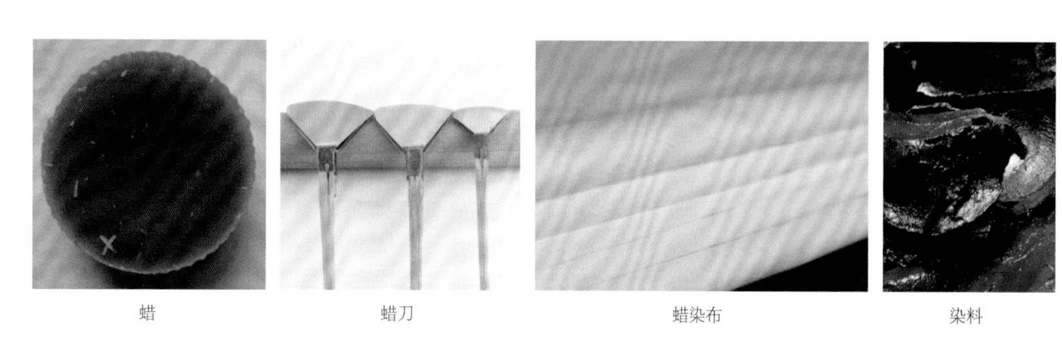

蜡　　蜡刀　　蜡染布　　染料

图5-8　常见蜡染工具与材料

❷ 蜡染技法

传统的制作方法是用特制的蜡刀，蘸上熔化的蜂蜡，在一块白色棉布上画出各种花纹图案。待干后，将画好的白布浸在染缸里，由于蜂蜡附着力强，容易凝固，也易龟裂，染液在染色中会顺着裂纹渗透，形成冰纹。染色后的布，经沸水去蜡、清水漂洗、摊平、晾干，就会展现出人工难以描绘的自然冰纹和清新美观的图案，形成一幅多姿多彩的蜡染花布。蜡染布上随机产生的“冰纹”，从浅到深、含蓄神秘、别有韵味，而且每一幅作品都不会相同，这是其他印染技术无法达到的装饰效果。

❸ 蜡染题材

蜡染的题材较多，常见植物花卉、人物、器皿、风景、动物等不同内容的题材（图5-9）。这些题材既可以具象、写实，也可以抽象、写意，形成不同的装饰风格。蜡染工艺常应用于服装、包袋、围巾、帽子、家居纺织品、壁挂等，是制作自然淳朴、具有民族风情的纺织服饰品和艺术装饰品的理想选择。虽然从熔蜡、封蜡、染色到退蜡，这一系列的流程费工又费时，但是不少消费者依然喜欢这门古老的手工艺术。从艺术形式来看，冰纹所形成的肌理效果与有规律的几何图形、抽象图形相互辉映，蜡染作品所蕴含的浓郁民族风情和自然气息，在一定程度上也符合现代人崇尚自然的审美情趣。

图5-9 蜡染布

（二）扎染

扎染是我国古老的染色技艺之一。人类有意识地染色是从“扎”和“染”开始的。它们既是极简单的生产手段，也是富于变化的染色方法。古老的扎缬技艺有近2000年的历史，时至今日，依然在山东、陕西、四川、江苏、湖南以及云南的白族、广西的瑶族和苗族地区流传。

扎染，古代称绞缬，是用捆扎、折叠、缠绕、缝线、打结等方法使织物产生防染作用，然后浸染，待固色后，再去掉缝扎的线结，从而形成蓝白相间、晕色层次丰富的花纹布。扎染的灵魂是“花”和“地”两者之间因绞成的皱襞、线捆扎得松紧或浸染程度不同，而形成自然的、具有过渡性渐变的色晕，花纹与底色之间具有色调含蓄、边缘模糊、层次柔和、颜色渗透自然的特点。由多种染料染制的扎染，称为彩色扎染。扎染是制作具有田园浪漫情趣的家居纺织品和服装服饰的理想用料。

❶ 扎染工具与材料

传统染色织品一般采用自织的白色土布、机织白布、绵绸、府绸、亚麻布等，常见的染料有板蓝根、栀子、红花等。随着时代的发展，出现了化学染料。染色中需要结合碱剂、还原剂来增加染色的色牢度。此外，制作扎染时需要使用比较粗且韧性较好的棉线或尼龙线、用于固色的盐、加热容器、夹子、筷子等（图5-10）。

图5-10 扎染工具与材料

❷ 扎染技法

扎染的基本原理在于通过捆扎、缝制布料达到防染目的，按照构想图案、描稿、捆扎、浸染、拆解、清洗、晾干、熨整等工序，最终呈现扎染图案。常见的扎染方法有捆扎法、折叠法、针缝法、夹扎法、皱褶法等。其中，捆扎法是最基本、最常见的方法，操作时，根据构想，在布料局部抓起一部分，用纱线、绳带捆扎，捆扎的力度越大，留白的画面就越多。若想用扎染技法完成某个具象图案，可以采用针缝法。所谓针缝法，是指用针线缝扎布料，形成防染。例如，沿着预设图案的轨迹均匀走针，然后拉紧，这样可制作形体准确、相对具象的纹样。由于染液的渗透性和缝制、捆扎的松紧和密度不可能完全一致，因此形成由浅到深的色晕，使扎染图案自然、生动。

❸ 扎染题材

扎染图案常见几何纹（如圆形、方形、螺旋形等）、动物纹（如鱼、鸟、虫等）、植物纹（如花、草、叶、果等）、自然纹（日、月、星、云、山、水、石等）、人物纹、吉祥纹等题材。扎染图案具有从中心向四周呈辐射状的视觉效果与由深到浅的自然色晕效果，织品中的图案含蓄神秘、韵味无穷，每一幅扎染作品都不会完全相同。经过数百年的工艺演变，扎染也从单色演变成多次浸染的复色。扎染纹样的生动与含蓄的审美效果，使这种古老的染色工艺至今仍有极大的魅力（图5-11）。

扎染图案灵活多变，广泛应用于服装、配饰、抱枕、桌旗、杯垫等方面。如今，扎染在国内外备受关注。当今服装业追求环保，而利用天然染色工艺创造的扎染图案为服装注入了生态元素，色彩对于表现效果极为关键，斑驳的质感为经典的牛仔单品注入新的工艺语言（图5-12）。

图5-11 扎染纹样

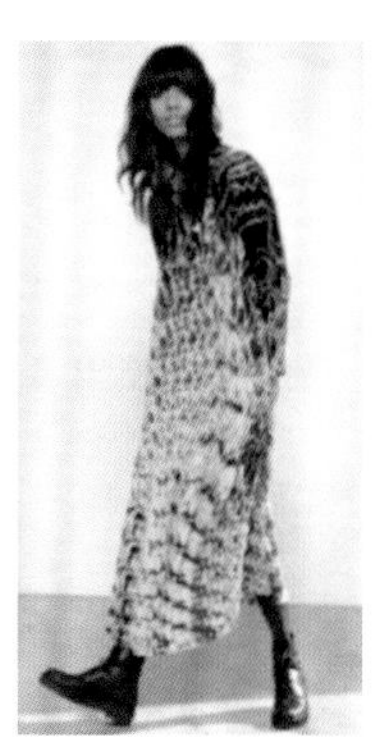

图5-12 国内外扎染服装设计

（三）手绘

手绘是指在织物或服装上用颜料或染料进行描绘的装饰艺术形式。手绘所需工艺条件和制作方法相对简便和直接，可以说它是人类最早掌握的印染方法之一。时至今日，纺织品手绘艺术发展出更多的表现形式，其独有的工艺特点非常适合创意产品设计，有着广阔的市场开发潜力。

随着纺织与印染技术的不断进步，纺织品手绘艺术的表现手段也更加多样，古代劳动人民创造性地将手绘与其他工艺相结合，使绘与绣、绘与印、绘与缬、绘与织等技术实现了完美融合。如今，可利用的技术、工具、颜料、染料越来越丰富，装饰效果也越来越多样化。

❶ 手绘工具与材料

服装手绘工具与材料多种多样（图5-13），一般在棉、麻、丝等纤维纺织面料上进行手绘。常见的颜料有以下几种：

纺织颜料：画完后布面较柔软，透气性好，色牢度比较高，洗后不易褪色。

丙烯颜料：画完后画面比较硬，需要后期处理。

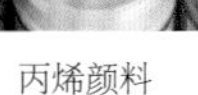
丙烯颜料

发泡颜料

闪光颜料

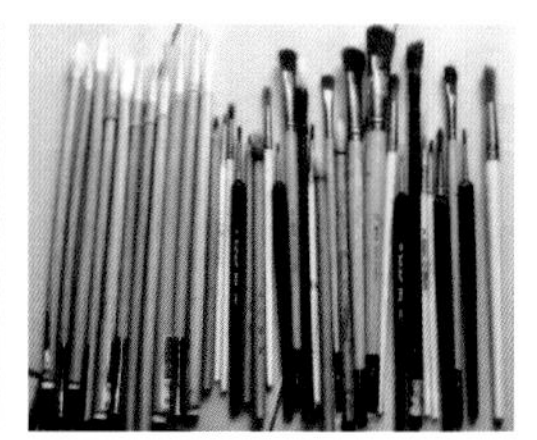

手绘工具

图5-13 手绘工具与材料

专用手绘颜料：不同于普通纺织颜料和丙烯颜料，它是针对手绘工艺的要求而开发出来的高科技产品。其色彩鲜艳、色牢度好，不需要调料调色，也不需要稀释和加热，可用于纺织品手绘、布艺手绘、高档服装修色、墙体绘画等方面，还可以作为国画和水彩颜料使用。图案干后，水洗、机洗均不易褪色，用于纺织品绘画透气性好，手感柔软，几乎可以达到和服装印染同样的手感和柔顺度。

发泡类颜料：画法和普通颜料一样，画完后用电熨斗烫熨，这种颜料会像泡沫一样鼓起来，主要用于辅助装饰。

荧光类颜料：辅助类颜料的一种，主要用于装饰，画完后有荧光效果。

闪光颜料：与颜料不同，闪光粉是粉状的，使用这种颜料会产生出其不意的效果，而且反光比金色和银色亮。弊端在于，这种颜料早期特别容易脱落，不过，目前的工艺牢度相对较好。

❷ 手绘技法

手绘服装需要注意以下几点：第一，图案比例应适中，一般应根据服装款式确定图案的大小；第二，色彩搭配可根据顾客喜好、服装面料颜色及服装风格而定；第三，图案线条绘制应流畅；第四，图案绘制过程中应注意画面干净。颜料之间的混色调和、颜料的稀释等，都会影响最终的装饰效果。

❸ 手绘题材

手绘图案题材极为丰富，可根据顾客要求、服装款式进行局部或整体的花色布置，完成个性定制（图5-14）。相比之下，传统印染织图案的设计会受到生产工艺的限制，例如，成本、色套、数量以及工艺程序等方面的限制。手绘工艺是针对单一或少批量服装进行绘制，工艺程序相对较简单，可直接通过手工绘制、平涂、渲染、喷绘等完成，达到印染工艺无法达到的绘制效果。

三、刺绣

刺绣图案秀丽、色彩华美、形式多样，具有高贵典雅、雍容富丽的装饰效果，常见手绣、机绣、电脑刺绣等方式。机绣工艺在现代生活中运用广泛，广受消费者喜爱。电脑刺绣是传统手工刺绣和现代高科技电子技术结合的产物。平绣针法是最基本、最简单的针法，一般用于花形的边缘或很细小的部分，在制版时一般不考虑其收缩拉伸值（图5-15）。

手绣方法灵活，但是耗时长，常见的手绣方法主要有平绣、贴布绣、珠绣、打籽绣、锁绣、盘金绣、羽毛绣等（图5-16）。

图5-14　手绘风格服装

图5-15　服装刺绣细节

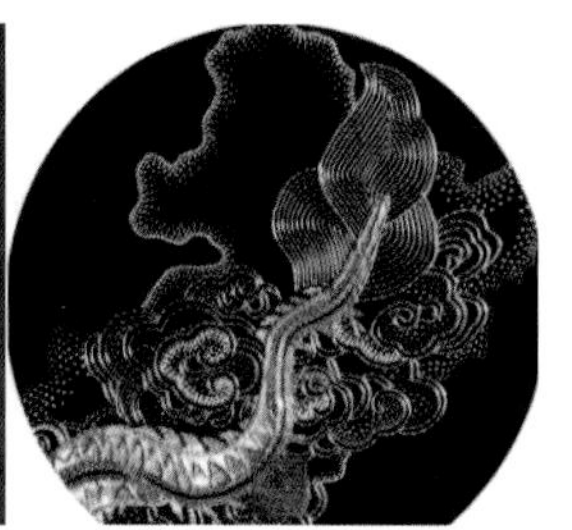

图5-16　从左到右为珠绣、打籽绣、锁绣、盘金绣

清代是中国刺绣史上最鼎盛的时期。宫廷服装烦琐复杂，除在帝王的礼服、祭祀服上绣花外，几乎所有的服饰上均有刺绣。例如，在皇帝的朝带、吉服带上，常常挂着多个绣花荷包。朝廷不仅有大批的宫廷绣女专门从事刺绣，还从民间进贡上乘的刺绣品。宫廷的装饰之风也影响着民间的着装风气。民间日用服饰品，除家庭妇女自绣自用外，各大中城市均有刺绣作坊制作商品绣件。民间刺绣在江苏、浙江、湖南、湖北、广东、四川、上海、北京等地得到迅速发展，并逐渐形成了我国著名的苏绣、粤绣、蜀绣、湘绣四大名绣。

（一）中国四大名绣

中国四大名绣题材广泛、针法丰富、色彩典雅、绣艺精湛，被视为东方手工艺的典范。例如，2017年中国知名品牌盖娅传说巴黎时装周的系列服装设计（图5-17），从敦煌色调及壁画图案中汲取灵感，以苏绣、盘金绣和羽毛绣等装饰设计，惊艳四座。苏绣以针代笔，积丝累线而成，可以概括为平、齐、细、密、匀、顺、和、光的特点，在艺术上形成了图案秀丽、色彩和谐、线条明快、针法活泼、绣工精细的风格。

粤绣又称广绣、潮绣。粤绣用色浓艳，注重光影变化，针法均匀多变，构图繁而不乱，常以凤凰、松鹤、牡丹、猿、鹿、鸡、鹅、孔雀等纹样题材混合组成画面，颇具特色。中国知名设计师屈汀南，在中国国际时装周2019年春夏服装系列中展现了粤绣的魅力（图5-18），屈汀南及其背后的研发团队多年来致力于工艺的颠覆性改革，结合书法、绘画、

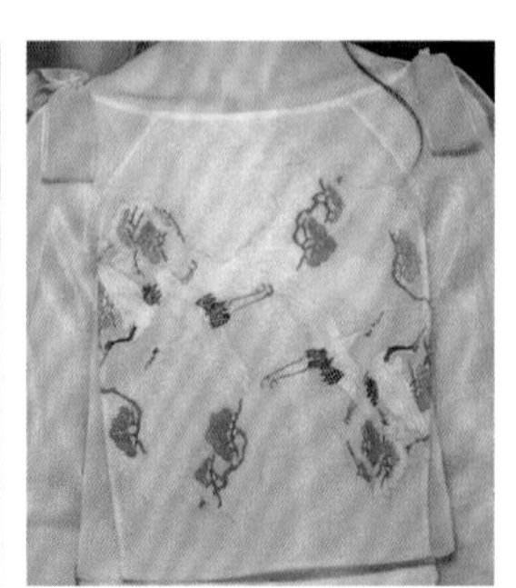

图5-17 盖娅传说系列作品

图5-18 粤绣服饰

刺绣等不同东方元素，打破了传统香云纱的沉闷，将传统与时尚、生活与艺术相结合，呈现平衡的美感，同时采取现代艺术元素让产品趋于年轻化和时尚化，不拘泥于过去的单调古朴。

（二）珠绣艺术

珠绣是指运用不同的针法，将各类珠子、珠片等材料，通过手工或者机器固定在服装、配饰上的装饰方法。珠绣艺术具有光泽亮丽、变化万千、装饰性强等特点，可以达到美化、装饰服装的目的。珠绣可分为平面与立体两种表现效果（图5-19），需要结合材质、工艺和排列方式进行综合表现。

珠子从材质上可以分为贝壳珠、珍珠、木头珠、石头珠、塑料珠、金属珠、玻璃珠、水晶珠以及各种宝石珠等，从造型上可以分为圆珠、方珠、三角珠、水滴珠、珠管、珠片、异形珠等。目前常见的珠绣材料主要有玻璃米珠、管珠、珠片等材料，也有亚克力珠。

图5-19 平面与立体的珠绣装饰

珠绣材料大小不同、形状各异，通过不同的排列组合后，可以形成点、线、面、体的不同装饰形态，还可以通过粗细、方向、疏密、对称、渐变、韵律等构成形式美感，形成层次丰富、千变万化的装饰效果（图5-20）。

作为一种常见的服装装饰工艺，珠绣在高级定制礼服上的装饰表现格外突出。众所周知，手工钉珠在服装上耗费的时间较长，但具有凹凸有致、富丽堂皇的视觉效果，能极好地彰显礼服的华贵与精致（图5-21）。

图5-20 珠绣作品

图5-21 珠绣装饰表现

四、镂空

镂空是现代服装设计界常采用的一种装饰工艺，最初来源于建筑行业，是雕刻艺术的一种。在服装设计方面，通常在服装的基本造型上做镂空处理，以打破整体造型的沉闷感和厚重感，使原先的服饰变得通透、灵巧。

镂空指借助一些工具在服装面料上挖出若干个空洞，然后进行填补或不填补的消减手法。采用镂空的面料必须结构质地紧密，如棉布、牛仔布、皮革、人造革等。针对不同的面料，镂空的技法有所不同。例如，由于皮革具有边缘不脱散的特点，一般多采用剪切、雕花、编结等手法进行，这样也不会破坏皮革本身的质地。相较之下，针织面料是由线圈相互串套连接而成，结构松散，有弹性，有较强的脱散性，所以针织面料在镂空时多采用编结技艺，这样既不会破坏针织面料，又能够增添舒适、随性的感觉，例如，1982年的“Holes”系列奠定了川久保玲反华丽时尚的基础，甚至将那些钩破的布料比喻为新版的“蕾丝”，一件当时售价2500法郎的破洞毛衣，还被誉为“售价不菲的褴褛服”（图5-22）。

图5-22 破洞针织服装

镂空分为全透、半透和不透三种形式。全透是指让面料自然透露，半透是指把透明的纱料附贴在面料的反面，不透则是把另一种面料附贴在面料的反面。镂空面料在服装设计中已经广泛应用，成为一种个性化的艺术元素。现在时尚界更是把镂空视为通透、性感的代名词，广大时尚追求者对其趋之若鹜。此外，镂空还可以结合钉珠、编织、火烧、抽纱、打磨等方法，形成不同的装饰效果。

五、拼接

拼接设计，顾名思义就是指通过拼贴与连接的方式，将不同颜色或者不同材质的布料连接在一起。历史上拼接技术主要是为了节约服装制作成本，更倾向于实用性、舒适性，而非出于装饰性或艺术性的目的。随着时代的进步，拼接设计在服装设计中的应用意义也从以往的实用意义转变为装饰意义，这种工艺可以给予人们全新的视觉体验与美的享受。拼接艺术主要表现为色彩拼接、面料拼接与结构拼接三种。

（一）色彩拼接

色彩拼接可以给人们带来独特的视觉体验。例如，采用纯度较高的色彩来表现热情活跃的梦想空间，运用纯度较低的色彩来表现时尚典雅的优美格调。色彩拼接的形式变化直接影响服装风格与整体造型，是实现服装设计的主要手段（图5-23）。

色彩的拼接表现手法主要有三种：同类色拼接、邻近色拼接与对比色拼接。同类色拼接能达到统一协调的整体效果，给人舒适、温暖的心理感受。例如，深蓝色的牛仔面料与浅蓝色牛仔面料的拼接，其服装给人温柔、雅致、安宁的心理感受。运用同类色拼接是十分谨慎稳妥的做法，但有时会有单调感，如果添加少许邻近色、对比色，就显得生动活泼。邻近色拼接是温和又协调的一种色彩搭配，是设计师在色彩拼接中最易掌握、最常运用的设计方法之一。对比色拼接能形成强烈的视觉冲击力，若按1：1色彩组合，则会产生压抑、排斥的感觉，应注意避免。现代设计师经常巧妙运用撞色拼接的方法进行设计，使人产生强烈的兴奋感（图5-24）。

图5-23 色彩拼接

图5-24 同类色、邻近色、对比色拼接

（二）面料拼接

面料拼接可以分为同种面料拼接和不同面料拼接，具体表现分为以下几种：异色同质、异色异质、同色异质、同色同质。其中，除了同色同质面料必须是异纹（不同的花纹图案）之外，其他几种类型同纹、异纹均可。在女装设计应用方面，常通过不同材质、颜色及纹理的镶拼，增添服装的灵动之美。异色同质的拼接是将相同材质、不同颜色的面料拼在一起；异色异质的拼接是将不同颜色、不同材质的面料拼在一起，这种镶拼方式比较常见，多出现在上衣的面料与里料之间；同色异质的拼接是将相同颜色、不同材质的面料拼在一起；同色同质的拼接是将相同颜色、相同材质、不同图案的面料拼接在一起（图5-25）。

面料拼接时，需要考虑材料的性能及缺陷。例如，针织面料一般有弹性，面料蓬松，穿着舒适柔软，其缺陷在于不易塑型、易脱散、卷边，在缝制过程中易变形等。因此，为了取长补短，可以将针织和机织面料结合，同时还能减少面料的单调感，表现拼接设计的时尚魅力。

如果希望面料拼接能体现平稳、严谨的特征，可以采用对称式，具体可以分为中心线对称、上下对称、侧缝对称等。服装是左右衣片对称时，对称轴是中心线，中心线两边同样具有平稳的特征；服装是前后衣片对称时，对称轴是服装的侧缝，服装前后相互对应。不同的拼接方式能产生不同的视觉效果。

图5-25　拼接设计

（三）结构拼接

拼接可以遵循对称的形式美原则，也可以不受其约束，进行无规则拼接。款式拼接可以利用分割线去完成，直线分割干净利落，曲线分割优雅美丽。拼接按形状可以分为几何形、有机形、偶然形、不规则形等类别。几何形指正方形、长方形、圆形、梯形等形状，这是服装镶拼最基本、最常用的形式之一。有机形指具有秩序感和规律性，且不可用公式求得的有机体的形态，如生物细胞、树叶等。偶然形指自然或人为无意间形成的、不可控的形态，如泼墨、碎玻璃片等。不规则形指人造的自由构成形，应用于服装中具有很强的造型特征，内部结构灵活多变，能彰显着装者鲜明的个性（图5-26）。

结构拼接可以分为可分离式与不可分离式。可分离式结构拼接是指在服装的某些部位设置拉链、魔术贴、暗扣、挂钩或绳子等，使该部位发生分离或结合，可以脱离整体服装而独立存在。例如，在裤腿部位，利用拉链对短裤进行拼接设计，从而形成长裤，类似的可分离式结构拼接还有可拆卸袖子、可拆卸帽子等。芬迪2020秋冬男装系列，通过可调节绳索、拉链，让夹克、皮草和西服随意组合，可根据消费者需要调节服装的长短，迎合了一衣多穿的环保诉求（图5-27）。

曾经一度流行的“假两件”针织衫设计，采用针织面料拼接机织面料的衬衫领结构，这属于不可分离式结构拼接。此外，“伪垫肩”的设计让衣身与袖子在视觉上形成重叠穿搭的效果，实则也为不可分离式结构拼接，这种设计手段使整件单品看上去酷劲十足（图5-28）。

图5-26 分割线拼接设计

图5-27 可分离式结构拼接设计

图5-28 不可分离式结构拼接设计

拼接在现代服装设计中有不可或缺的地位，利用面料、款式、色彩的拼接设计可以创造更多的服装款式，是服装设计师表达自由设计理念的常用手法。随着时代快速发展，多元化时尚愈演愈烈，拼接设计迎合了消费者对服装设计多样化的需求。

六、褶饰

褶饰是一种常见的服装设计处理手法，从高贵华丽的礼服到朴素随意的家居服，常常可以找到褶饰的踪影。褶饰主要指通过抽褶、堆积、抽缩、错位、折叠、扭曲等造型手法，使衣料不仅能满足人体体型的需要，还能呈现强烈的立体感，形成特别的视觉效果。褶皱既具备实用功能，又能起到装饰作用。褶皱可以分为规律褶和自由褶两种基本形式。规律褶注重体现褶与褶之间的规律性，如褶的大小、间隔、长短的规律变化，表现出一种成熟与端庄。自由褶与规律褶相反，自由褶强调随意性，通过褶的大小、间隔等表现一种随意的感觉，体现活泼大方、怡然自得、无拘无束的设计风格。

由于面料的受力方向、位置、大小等因素，产生了不同形态的褶饰，按照其表现特征，常见的褶饰可以划分为抽褶、垂坠褶、堆砌褶、波浪褶、褶裥等种类。

（一）抽褶

以点或线为单位起褶，通过集聚、收缩或抽紧等方式形成。抽褶工艺能给人蓬松柔和、自由活泼的感觉，多应用于女装与童装、礼服等。

（二）垂坠褶

在两个单位之间（两点之间、两线之间或一点一线之间）起褶，形成疏密变化的褶纹，具有自然垂落、柔和优美、弯曲流畅的褶皱纹理，适用于胸、背、腰、腿、袖山等部位。

（三）堆砌褶

堆砌褶是在面单位内起褶，将面料从多个不同方向进行挤压、堆积，形成疏密、明暗、起伏、生动的不规则、自然的立体褶饰，可用于需要强调和夸张的部位，堆砌褶在婚纱、礼服中较为常见。

（四）波浪褶

波浪褶以点或线进行起褶单位，利用面料的悬垂性及经纬线的斜度自然形成，这种自然状态下形成的褶，适用于裙装、服装的饰边等处。

（五）褶裥

为适合体型及造型需要，将部分面料有规则地折叠，并且熨烫定型。这种有规律、有方向的褶裥一般由裥面和裥底组成。根据其结构，褶裥可以分为顺裥、对合裥、活裥、死裥等，常用于衣身、袖身、下装腰部等处，起装饰作用。顺裥是由单条折叠线和单条定位线构成的一种最普通的裥，制作完成时，所有的褶裥都倒向一个方向。对合裥是由中间向两边折叠而成的褶裥。活裥的一端被固定，另一端松散开口，可分为明裥、暗裥，常用于直裙设计。死裥的裥量被缉缝固定，不能自由伸展，常用于服装背缝、袖中缝等处。褶裥的线条刚劲、挺拔、潇洒、节奏感强，使服装显得更有内涵、更生动活泼（图5-29）。

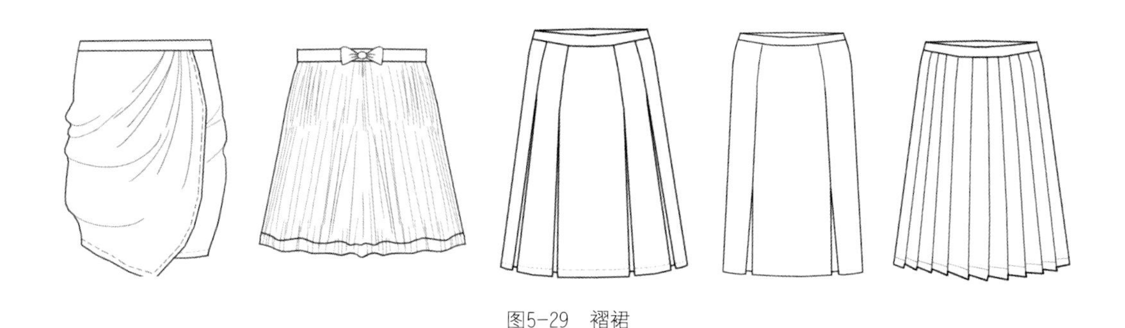

图5-29 褶裙

七、绣缀

绣缀技法属于面料的二次设计，是服装装饰设计常用手法之一。绣缀主要通过对面料的折叠、缝纫、手工缝制、抽缩等方法，使面料产生立体感的装饰效果。这种装饰方法常用于服装的领、肩、腰等部位，是十分优雅、别致的造型手法。

（一）绣缀的分类

绣缀一般以简单的方格为基础，进行缝缩，通过平面纸样裁剪实现。复杂一点的绣缀造型可以通过在身体周围不同的点上加入造型形态，结合平面纸样裁剪技术完成（图5-30）。常规的处理方法常有两种，一种用布料缝缀成图案后用针与衣服固定，另一种是直接在衣服上缝缀图案。一般而言，绣缀可以从针数、造型等不同角度进行划分，主要有以下几种：

❶ 从针数数量划分

按针数数量，可以分为二针法、三针法、四针法、五针法等绣缀方法，也可以采用二针法、三针法等针数自由组合的方法进行设计。

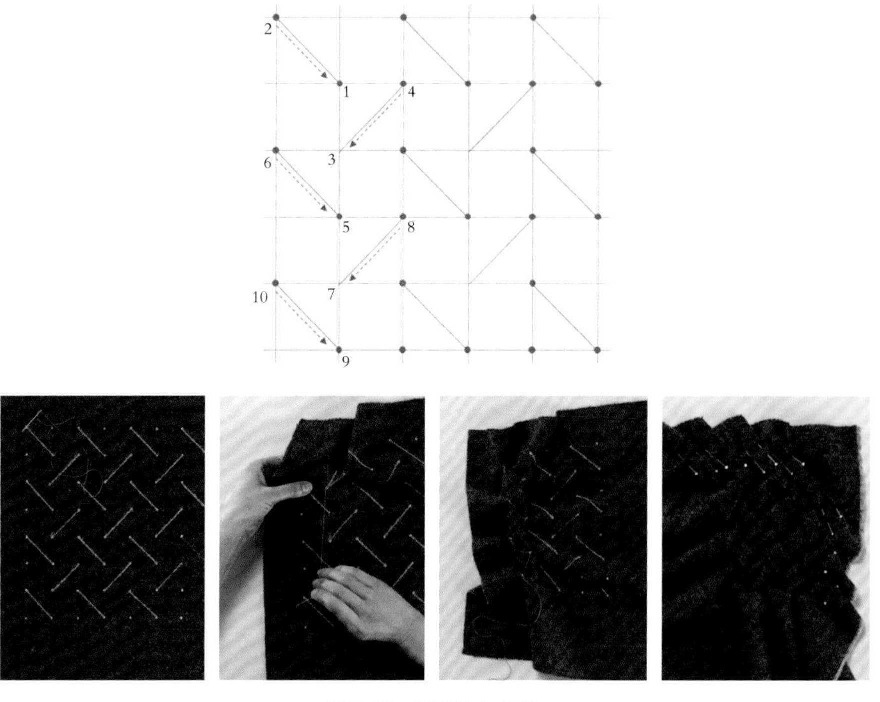

图5-30 绣缀基本步骤

❷ 从几何造型划分

通过抽缩点的几何造型，绣缀可以分为直线形、横线形、斜线形、弧线形、正倒三角形、菱形、正方形、梯形、五角形、六角形等。

❸ 从开放效果划分

根据抽缩起点与终点是否集于一点，以及抽缩的最终效果，绣缀可以分为开放式、半开放式与封闭式。

❹ 从造型效果划分

根据正面绣缀仿生效果，绣缀可以分为水纹、光波纹、瓦纹、花样纹、银锭纹、砖纹、席纹等（图5-31）。

图5-31 绣缀的不同造型

❺ 从操作手法划分

根据操作手法，绣缀可以分为正面绣缀法与反面绣缀法，通过缝纫线、鱼线等进行有规则或无规则抓取，每个造型单元格独立。一般正面绣缀法往往会结合珠绣及花卉进行。

（二）绣缀的表现

绣缀一般应用在肩部、胸部、腰部、胯部、下摆及膝盖等部位，通过绣缀点的抓取让面料具有集中与发散的感觉，能让人强烈地感受服装装饰的疏密效果，也可在绣缀点上采用花卉、蝴蝶结、珠片等进行装饰。绣缀是服装面料的变形设计，展现了面料的材质美和服饰美，凸显了鲜明的个性。它改变了服装和面料的整体形态，形成了一种生动、高雅、细致的设计风格（图5-32）。

图5-32 绣缀服装设计

八、绗缝

绗缝是一种流传下来的比较古老的工艺，过去人们用绗缝工艺来固定衣服里填充的棉絮。如今，随着社会的发展，绗缝工艺逐渐由原始的手工绗缝转为现代科技的电脑控制绗缝。绗缝工艺具有独一无二的艺术效果，绗缝纹理是设计师们喜好的元素。设计师将这种工艺用在丹宁面料的改造上，用跳脱的撞色线迹绗缝于面料表面，赋予丹宁面料新的活力（图5-33）。

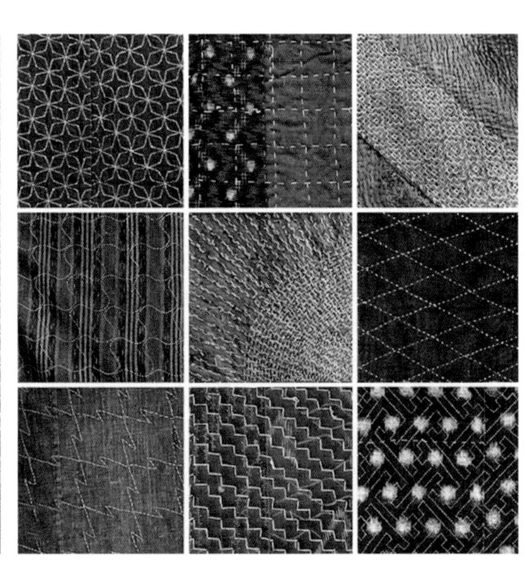

图5-33 绗缝表现

九、编织

服装中的编织法是将布料折成条或扭曲缠绕成绳状，然后将布条、布绳之类材料编织成具有各种图案的衣身造型，若辅之以其他的方法，如折叠、抽缩等，能形成具有雕塑感的立体造型。采用编织法，可以纱线为材料，通过经纬线交织构成双面图案，或以绳带为材料，编结、盘绕在服装上，产生厚薄、凹凸、镂空等丰富变化（图5-34）。

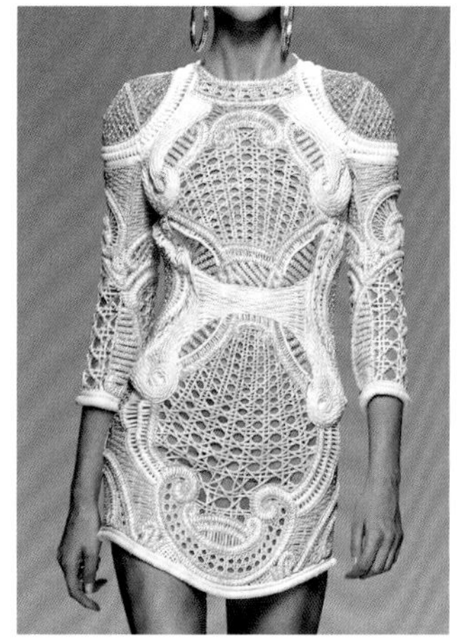

图5-34 织花编织服装设计

十、立体装饰

立体装饰指以立体的形式装饰服装，例如立体花饰（图5-35）、蝴蝶结，又或是通过填充、褶皱、局部抽绳等方法，在服装面料上做出起伏的立体效果。

立体花分为布花、塑料花、皮革花、金属花等，常见的立体花主要采用绸缎、乌干纱、金属等材料构成。立体花的装饰设计可以从材质对比、装饰位置、排列方法等角度去构思。例如，亮光材料与哑光材料结合，能够为立体花饰带来不同的肌理效果，立体花的数量、大小、布局等因素也能为服装设计带来丰富的变化。

图5-35 立体花饰

第三节 装饰设计案例

在掌握了各种各样的装饰表现方法之后，如何将这些方法巧妙地融入服装设计，是一个值得深入思考的问题。本节主要介绍国内知名装饰设计师石佳冉的创作，便于读者学习高级定制装饰手工艺技法。

一、知名工坊简介

石佳冉，是佳冉工坊的创始人（图5-36），服装装饰设计师，现居北京。擅长将法式刺绣与中式刺绣结合，将新的组合形式展现在团扇、配饰等之上，其作品既有中式刺绣的细腻又有法式刺绣的立体璀璨（图5-37～图5-39）。石佳冉的独特装饰手法，深受国内外同行喜爱。其商业合作品牌有华为、罗莱家纺、法尔曼、梵克雅宝等。

图5-36 石佳冉

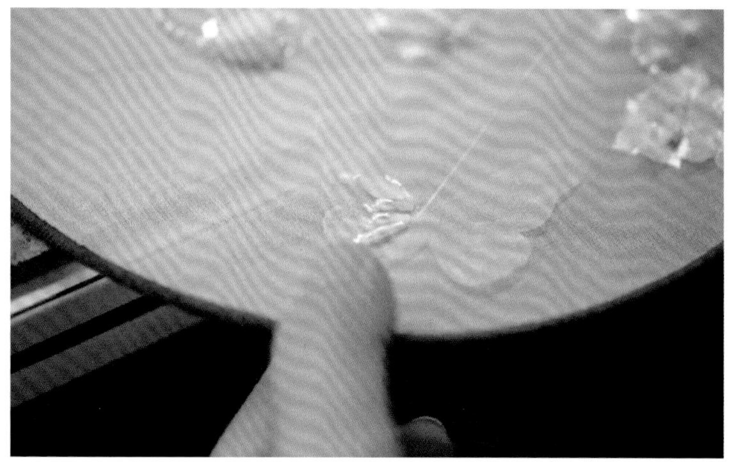

图5-37

图5-37 石佳冉团扇作品及细节表现

图5-38 石佳冉造花作品

图5-39 石佳冉配饰设计作品

二、设计案例

2017年，热播电视剧《三生三世十里桃花》受到无数国内观众的追捧和喜爱，阿里影业在看见石佳冉的团扇作品后，便邀请她设计三生三世系列团扇。与服装的设计流程一样，团扇的创作从搜集灵感、寻找线索、整合线索着手，然后逐一进行设计延伸。石佳冉观看了电视剧、原著小说、电影曝光的花絮，然后花了3个月的时间，完成了这个系列10把扇子的创作。

在古代大婚和重要场合，女子常常以扇遮面。在三生三世系列的喜扇中，石佳冉根据白浅（剧中人物）和夜华（剧中人物）的角色，分别设计了九尾狐与龙的图案，并且在九尾狐与龙之间用金色桃花枝来衔接，内圈用3个圆形刺绣来勾勒，在团扇的中下部加了一个双喜字，充分体现出中国的传统文化（图5-40）。

图5-40 喜扇设计及细节表现

石佳冉以针为笔，一点一点勾勒设计。三生三世系列的破云扇用刺绣来表现云，运用了3种金色、2种银色的绣线，结合钉珠装饰，钉珠不仅不沉重，反而富有轻盈感，其画面犹如云海在眼前浮动，白云朵朵，起起伏伏（图5-41）。

图5-41 破云扇装饰细节

三、设计师专访

问：您为什么会做团扇呢？学做团扇的过程中曾遇到过什么困难？

答：我在寻找代表中国女性的符号，有刺绣，还有她们执扇瞬间的模样。我想，如果把刺绣从服装上转移到团扇上，应该也是一种很好的工艺表现，小小的团扇承载着我对服装装饰的理解。从一个服装设计师转向装饰设计师，再辗转成为一名团扇设计师，这期间没有什么差别，只是设计载体不同而已。团扇的刺绣表现都是我从服装设计中积累的，只是把我掌握的手工部分转移到一个更小、更精致的“舞台”上，但其实都是原创设计。我去苏州学习苏绣，去法国学习法式刺绣，还去过很多地方学习过与刺绣看似无关却又间接提升我的刺绣水平的很多工艺。我会对很多学习过的技法进行总结，一般会沉淀一段时间，然后按照自己的想法，把想要表现的设计重新用各种工艺混搭在一起进行设计。

问：您是如何想到利用现代化的元素，呈现新中式风格的装饰设计的？

答：我们都是中华儿女，骨子里自然而然崇尚中国传统文化。我刻意创作一些中式作品发到社交网络上，发现外国人也非常喜爱，这使我更有动力去做这件事。有外国友人邀请我们去国外授课交流，也有很多外国人选择来中国学习我们的刺绣课程，我想这就是中国刺绣的魅力，我希望他们看到的中国不仅是科技发达的中国，在艺术创作上也从未停止。

问：您是如何获得创作灵感的？请描述一下您的创作过程。

答：灵感的获取其实是多方面的，如看电影、看书、逛画展、跟几个同行朋友聊天，还有旅行。一般我会对喜欢的事物拍照，然后打印出来，时刻记录自己的感受，做出一个灵感墙。如果对某一个主题特别感兴趣，就会把它无限放大，然后继续寻找与它相关的可能性，从形状到色彩，再到刺绣小样，然后开始创作、修改、再创作，很多时候一个作品需要大半年的时间才能完全做好。

问：您是否遇到过创作瓶颈？您是如何克服的？

答：创作的瓶颈一般很少，除非是甲方的合作项目。我比较喜欢随性创作，但是如果与甲方合作一个产品，我会很慎重地开始这个项目，并根据甲方的产品和品牌风格进行跨界设计。创作的过程中有很多时间花在了沟通上。我们尽量在前期多了解对方的需求，也会把我们的想法分享给他们，我们一起沟通，一起解决问题，推动创作顺利进行。如果我独立创作时遇到瓶颈，我会第一时间选择看书，可以从书中寻找更多的灵感，一句话、一张插图可能都是我的宝藏。

问：对您的审美影响最深的是什么？

答：故宫系列书籍。书中有很多中国传统纹样设计，大量精美的刺绣作品和配饰作品，值得我们学习，续写之后的设计篇章。

问：谈一谈迄今为止，您印象最为深刻的项目？

答：我们开展了很多合作，印象最深的就是我们为华为手机创作的高定包包（图5-42），也因为这个合作，让我们被更多人所了解。为国产品牌做一些艺术创作，是我们一直想要做的，希望通过艺术设计与刺绣为我们的国有品牌增色添彩，也让更多的人了解中国的科技和艺术。在这个项目合作中，我们尝试了很多工艺，最后结合产品的颜色做了两款包包，我将自己掌握的设计工艺展示在作品中，希望大家能够看到中国新一代设计师的崛起。

图5-42 石佳冉为华为P20系列手机设计并制作的高定包包

问：您如何看待高级定制手工艺或中国传统服饰手工艺在服装行业的发展前景？

答：我们这一代人比上一代人幸运，科技飞速发展，国民素质也在提高，更多的人能够去留学或者以游学的方式看世界。中国高级定制的后备力量也在增加，而我们就是成长在这个时代的一批年轻人，我们需要掌握传统的技法并勇于创新，创造出更多好的作品。无论是高级定制还是传统手工艺都会迎来新的变革。

问：您的作品在国内外都受到了广泛的关注与认可，您认为什么设计是真正的“国际化”？

答：国内的认可是我们最先感受到的，我们也会把作品放到国外的网站上，外国人会惊呼：这是中国设计？固有的认识让他们对中国传统工艺的印象还停留在20世纪，但其实我们已紧跟时尚艺术的潮流，创作了一系列他们似乎见过的设计手法但题材和原材料又是新颖的作品。我认为艺术是相通的，美好的事物大家都会感知到。能被更多人认可的设计就是“国际化”的设计。

问：对于未来从事服装设计的人，您有什么建议？

答：希望他们可以超越我们，创作一些更让人惊叹、折服的作品，真正去感受服装带来的乐趣。请记住一句话：如果你热爱从事的事业，那么工作的每一天你都不会感到辛苦，反而获得内心极大的满足。

参考文献

[1] 张渭源. 服饰辞典 [M]. 北京:中国纺织出版社,2011.

[2] 陈莹. 服装设计师手册 [M]. 北京:中国纺织出版社,2012.

[3] 王群山,王羿. 服装设计元素 [M]. 北京:中国纺织出版社,2013.

[4] 江莉宁,徐乐中. 服装色彩设计 [M]. 北京:中国青年出版社,2011.

[5] 盖尔・鲍. 时装设计师面辅料应用手册 [M]. 史丽敏,王丽,译. 北京:中国纺织出版社,2016.

[6] 陈继红,肖军. 服装面辅料及应用 [M]. 上海:东华大学出版社,2009.

[7] 王晓威. 服装设计风格鉴赏 [M]. 上海:东华大学出版社,2008.

[8] 赵刚,徐思民. 西方服装史 [M]. 上海:东华大学出版社,2016.

[9] 冯泽民,刘海清. 中西服装发展史 [M]. 北京:中国纺织出版社,2008.

[10] 张金滨,张瑞霞. 服装创意设计 [M]. 北京:中国纺织出版社,2016.

[11] 张春娥. 服装设计 [M]. 北京:中国纺织出版社,2014.

[12] 西蒙・卓沃斯－斯宾塞,瑟瑞达・瑟蒙. 时装设计元素:款式与造型 [M]. 董雪丹,译. 北京:中国纺织出版社,2009.

[13] 张文辉. 服装设计基础与创新 [M]. 武汉:湖北科学技术出版社,2008.

[14] 托尼・巴赞. 思维导图:放射性思维 [M]. 李斯,译. 北京:世界图书出版公司,2004.

[15] 翁海村,叶玉芳. 手工扎染技法 [M]. 福州:福建美术出版社,2008.

[16] 周莹. 中国少数民族服饰手工艺 [M]. 北京:中国纺织出版社,2014.

[17] 张红娟. 珠绣艺术设计 [M]. 北京:清华大学出版社,2018.

[18] 周玉超. 女装结构中门襟开合形态研究 [D]. 武汉:武汉纺织大学,2018.

[19] 兰天. 服装制版技术参数在领型设计中的应用与研究 [D]. 长春:东北师范大学,2013.

[20] 谢玻尔,肖立志. 女装轮廓造型对体形美感的修饰作用 [J]. 服装学报,2018(5):400-402.

附录

一、创新实践案例《走花灯》

1 作品名称

走花灯

2 设计师名称

余尚华

3 指导老师名称

肖劲蓉

4 设计说明

江门东艺宫灯是极具侨乡地方特色的民间手工艺术品之一，也是中国传统文化的一个符号，它以细致奢华、宫廷气息十足而闻名世界。系列作品选取五邑宫廷花灯为设计创作元素，将历史传统文化与现代服装设计互相融合，在面料工艺处理上结合流行色彩趋势，采用染色工艺以便得到最佳的面料色彩效果，加上独特的复合面料肌理设计以表现宫廷花灯纹样雕刻的肌理感，而镂空的制作工艺进一步突出宫灯的精湛之处。设计师运用色彩拼接碰撞，使作品视觉效果突出，集历史感与现代感于一体。

灵感来源

宫灯又被称为宫廷花灯，是中国彩灯中极具传统特色的手工品之一。其制作需通过编织、印花、剪、刻、凿、裱、装饰等一系列工序来完成。通常先以细木骨架为基础，做成四角、六角或八角等多边结构，接着在骨架结构之间加入绢纱和玻璃材料，并在表面绘制各式各样的图案，一般外形较大的宫灯，通常被悬挂在厅堂梁上。长期被宫廷和贵族所使用，不但具备照明的功能，还有精细的图案纹样装饰，以彰显出帝王的尊贵与奢华。

南宋末年，在广东新会地区发生宋元大海战，宋亡后，众多宫廷艺人漂泊到江门新会地区，他们经常在元宵、中秋等重大节日悬挂宫灯，以此来表达怀念和祝愿。经过时间的变迁，这些民间文化习俗已传播到海内外。而江门东艺宫灯传承至今已有上千年的历史，堪称中国宫灯历史上的“活化石”，并被列入广东省省级非物质文化遗产名录中，也被评选为江门市“十佳旅游工艺品”。

附图1

PANTONE® 17-1563
SS18
TREND COUNCIL

附图1

附图1 《走花灯》设计

二、创新实践案例《泥巴》

1 作品名称

泥巴

2 设计师名称

司徒秀英

3 指导老师名称

严琴

4 设计说明

系列设计的灵感来源于《鲁藜诗选》及摄影作品，设计师提取大自然环境色彩，采用染色、编织等手法，表达系列服装的质朴无华。

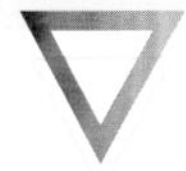

泥土

（选自《鲁藜诗选》）

老是把自己当作珍珠
就时时有怕被埋没的痛苦
把自己当作泥土吧
让众人把你踩成一条道路

色彩选取

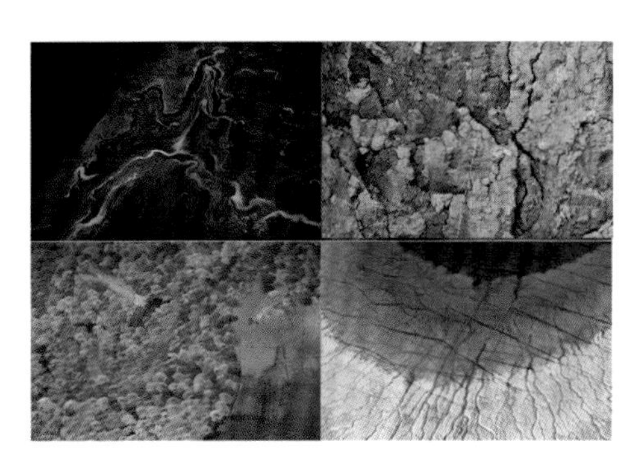

颜色：

图片来源于摄影师丹尼尔·贝尔特拉（Daniel Beltra）的航拍摄影作品，设计师想从大自然环境中提取色彩，主要选择了泥土的颜色，小面积采用大海的颜色。

工艺参考

面料

附图2 《泥巴》设计

三、创新实践案例《悟山》

1 作品名称

悟山

2 设计师名称

杨琳臻

3 指导老师名称

龚有月

4 设计说明

本系列服装的设计灵感来源于美丽的雪山山脉。雪山，象征着雄伟与浪漫。无论是勇于攀登的登山者，还是静静远观的徒步者，雪山给人带来的美与震撼，都很难被其他自然美景所替代。本系列服装设计主要以延绵的山脉脉络为线、山体为面，来表达祖国大好山川的延绵伟岸和雪山的浪漫情怀。该系列服装在色彩的使用上选取了与山脉遥相呼应的高原天空的蓝、雪山峰顶积雪的白及山体庄严伟岸的灰；在设计手法上以印花工艺、刺绣工艺、面料拼贴、手缝线迹等呈现。

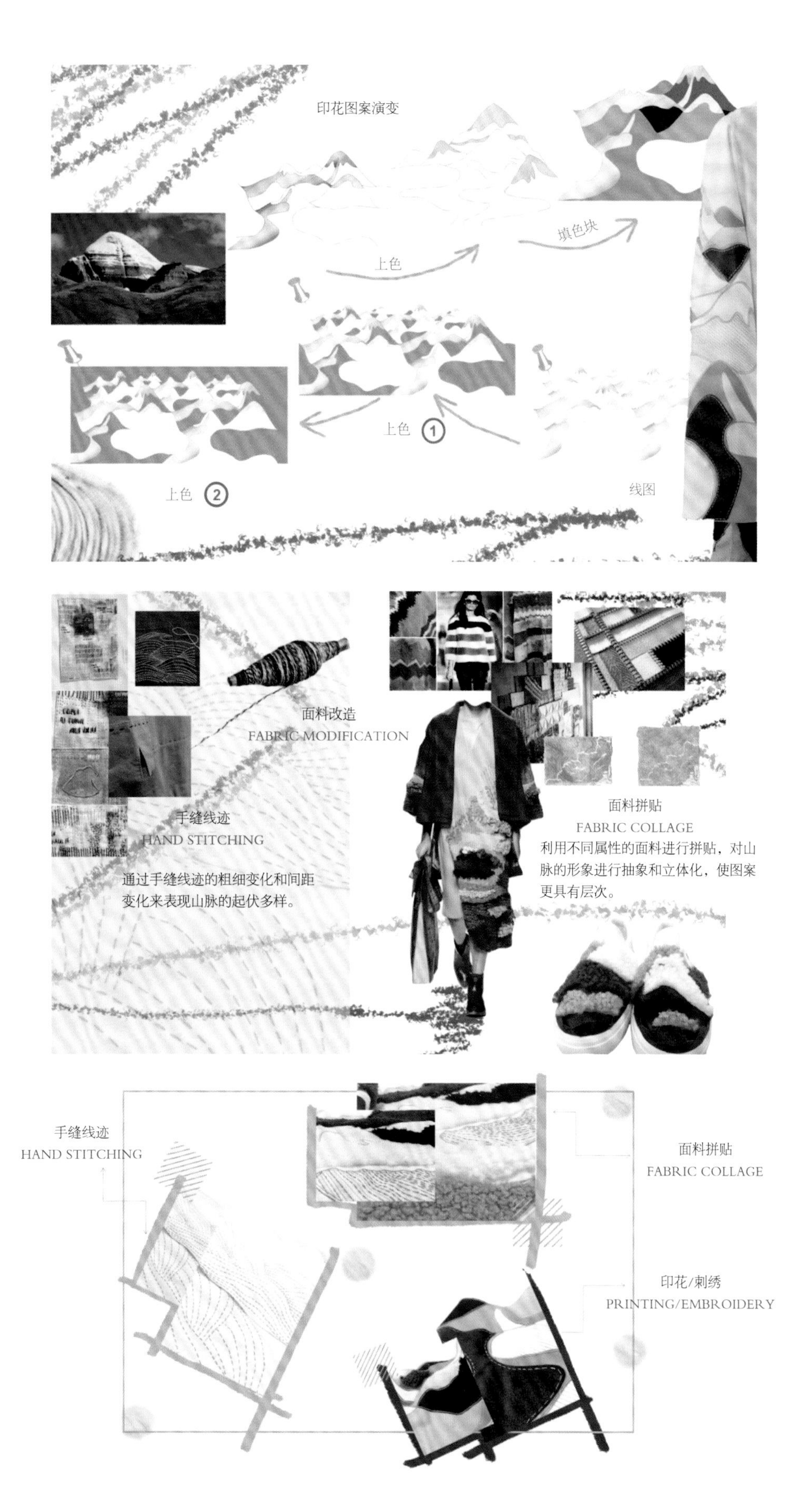

印花图案演变
填色块
上色
上色 1
上色 2
线图
面料改造
FABRIC MODIFICATION
手缝线迹
HAND STITCHING
通过手缝线迹的粗细变化和间距变化来表现山脉的起伏多样。
面料拼贴
FABRIC COLLAGE
利用不同属性的面料进行拼贴，对山脉的形象进行抽象和立体化，使图案更具有层次。
手缝线迹
HAND STITCHING
面料拼贴
FABRIC COLLAGE
印花/刺绣
PRINTING/EMBROIDERY

附图3

最终效果图
EFFECT PICTURE

设计图
DESIGN DIAGRAM

附图3

附图3 《悟山》设计

四、创新实践案例《捉迷藏》

1　作品名称

捉迷藏

2　设计师名称

唐萍

3　指导老师名称

龚有月

4　设计说明

主题阐述：设计师是通过提取大自然中各类动植物的形态和色彩，进行再创造，意在表现童装活泼自然的色彩，进而表现孩童的稚幼天性。

设计构思：这是以大自然为灵感的系列服装设计作品，主要表现童年的乐趣和丰富多彩的生活。主要从三个方面进行设计：一是颜色与颜色之间晕染的拼接对比；二是自然元素和色块的综合使用；三是镂空与图案相结合的表现。

◆ 灵感来源

设计灵感来源于大自然，用丰富多彩的大自然来表现童年的纯真和童趣。从自然形态中提取色彩图案，感受大自然的线条和形状，并将其转化为新颖而富有创意的设计。

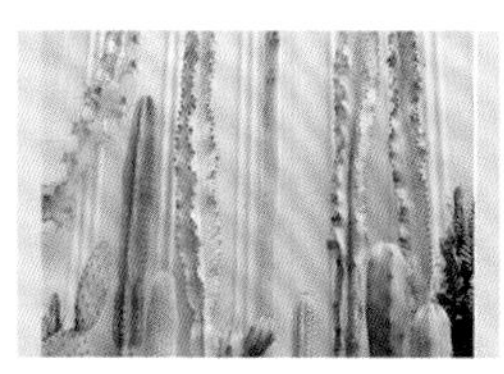
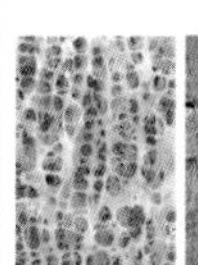
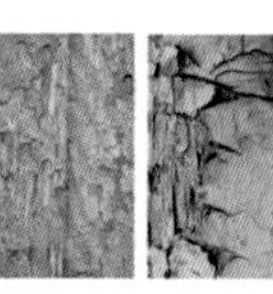
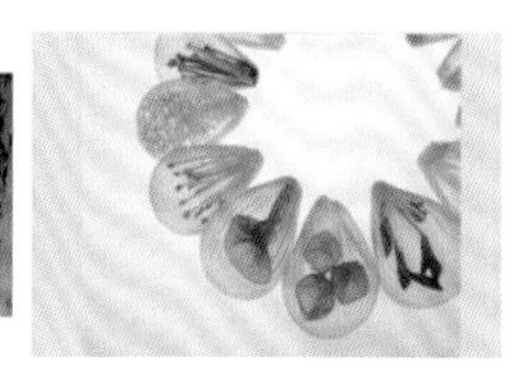
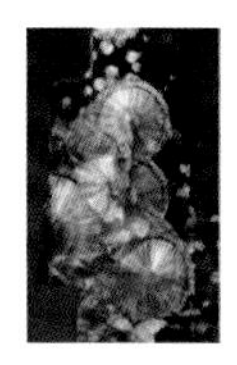

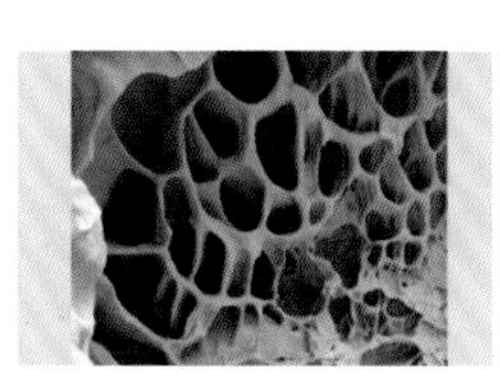

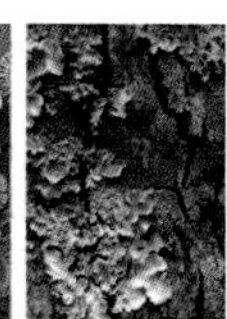

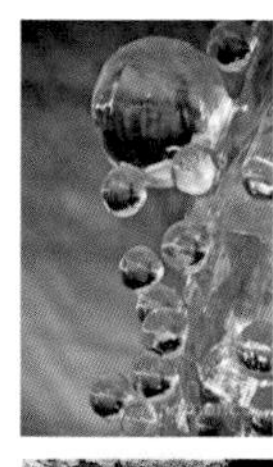
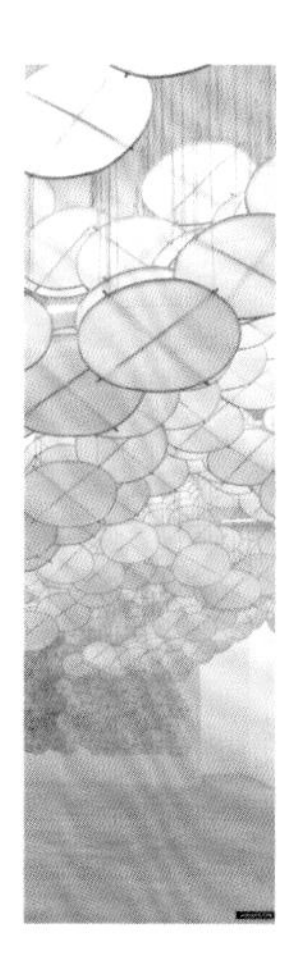
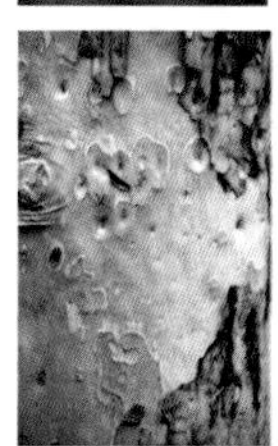

附图4

◆ 效果图

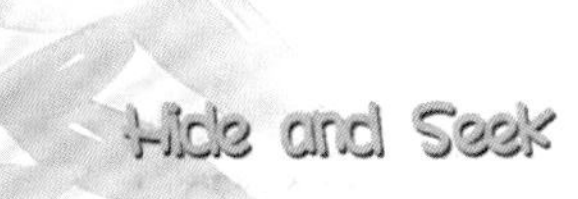

Hide and Seek

◆ 图案创造过程

元素拼贴

颜料晕染

图案处理与色块拼贴

◆ 印花小样

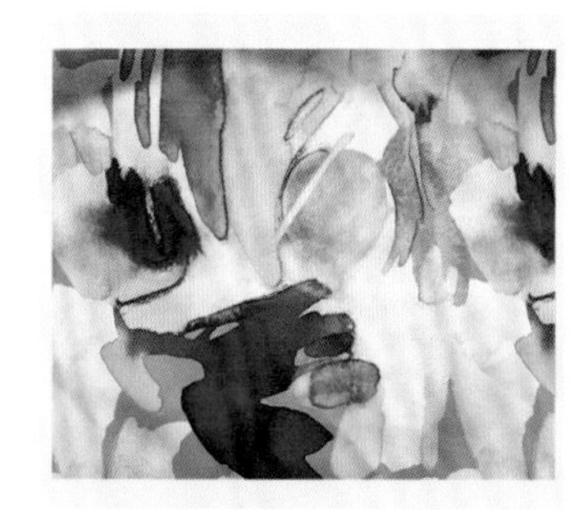

附图4 《捉迷藏》设计

拍摄图